高等职业教育"十三五"规划教材

高等职业教育机电类专业规划教材

电子技术基础实训

林毓梁　主　编

尚川川　史　帅　副主编

U0291303

电子工业出版社

Publishing House of Electronics Industry

北京·BEIJING

内 容 简 介

本书依据"电子技术"课程的培养目标和教学要求而编写，秉承"教、学、认、做"相结合的教学理念，同时兼顾技能训练的规律，内容由基础到综合、由简单到复杂。本书共6章，主要内容包括：电子实训基础工具的使用、电路焊接技术、常用电子技术实验测量仪器、模拟电路元器件的识别与测试、数字电路与逻辑电路设计基础实验、电子产品调试工艺。

本书既可作为高等职业院校工科类专业教材，也可作为技术工人的培训用书。

图书在版编目（CIP）数据

电子技术基础实训 / 林毓梁主编. —北京：电子工业出版社，2019.1
ISBN 978-7-121-34510-4

Ⅰ.①电… Ⅱ.①林… Ⅲ.①电子技术-高等职业教育-教材 Ⅳ.①TN

中国版本图书馆 CIP 数据核字（2018）第 127404 号

策划编辑：朱怀永
责任编辑：底 波
印　　刷：北京七彩京通数码快印有限公司
装　　订：北京七彩京通数码快印有限公司
出版发行：电子工业出版社
　　　　　北京市海淀区万寿路 173 信箱　邮编 100036
开　　本：787×1092　1/16　印张：8　字数：204.8 千字
版　　次：2019 年 1 月第 1 版
印　　次：2022 年 7 月第 6 次印刷
定　　价：24.80 元

凡所购买电子工业出版社图书有缺损问题，请向购买书店调换。若书店售缺，请与本社发行部联系，联系及邮购电话：（010）88254888，88258888。

质量投诉请发邮件至 zlts@phei.com.cn，盗版侵权举报请发邮件至 dbqq@phei.com.cn。

本书咨询联系方式：（010）88254608，zhy@phei.com.cn。

前　言

　　高等职业教育是以培养技术应用型人才为目标的，在教学中应体现工程技术教育的思想和内涵。因此，开设实训课程，即实践与训练课程是高职教育的一个重要教学环节。为把学生培养成具有一定的理论知识并掌握较强专业技能的应用型人才，必须加强实践环节的训练和实际操作能力的培养。"电子技术"课程是实践性很强的技术基础课程，其配套的实训课程是理论联系实际和培养应用型人才的重要手段。在实训课程中，除介绍必要的实训理论知识和基本的实训方法外，主要是安排学生自己实践操作，通过实训教学验证巩固所学的理论知识，学习各种常用的电子仪器、仪表的使用方法，训练学生科学实训的基本技能，培养学生解决实际工程问题的能力，为后续的课程学习、各类电子设计竞赛、毕业设计及将来的工作打下良好的基础。

　　本书实验内容详细、完整，能够与大多数学校的实验设备配套。全书共 6 章，主要内容包括电子实训基础工具的使用、电路焊接技术、常用电子技术实验测量仪器、模拟电路元器件的识别与测试、数字电路与逻辑设计基础实验、电子产品调试工艺。

　　本书内容设计上，从认识电子实训基础工具入手，再通过学习电路焊接技术和认识元器件，逐步落实到如何设计和选择元器件、制作与调试一个单元电路及制作装配简单的电子产品。教学时可采用"教、学、认、做"相结合的方式，培养学生分析问题和解决问题的能力。

　　由于编者水平有限，书中的不当和疏漏之处在所难免，恳请同行专家和读者批评指正。

作　者

目　　录

绪　　论

实训课程是理论教学与实践教学互相配合，巩固和扩展所学的理论知识，培养学生养成理论联系实际的学风和严谨求实的科学态度，训练学生掌握基本的实训技能、基本的电子测试技术、实训方法及数据分析和误差处理方法的重要课程。通过实训教学，学生应具有读懂基本电子电路图，分析基本电路功能和作用的能力；能够独立完成基本电路的实训任务；掌握常用电子测量仪器设备的选择和使用方法；掌握测试各种基本电路性能或功能的方法；具有分析、发现基本电路故障并自行排除的能力。具体的课程教学目标如下。

1. 知识目标

（1）掌握半导体二极管、三极管的种类、参数与选用方法，掌握共发射极、共集电极、差动放大、多级放大等电路的组成、性能特点。

（2）了解集成运算放大器的特性、参数，掌握负反馈放大电路的性能特点、分析方法，掌握运算电路的组成、性能特点。

（3）掌握桥式整流、滤波电路的组成及工作原理，熟悉稳压电源的主要性能指标，了解集成稳压器的工作原理。

（4）了解逻辑运算的方法，掌握加法器、编码器、译码器、七段数码管的工作原理。

（5）掌握 RS、JK、D 触发器的工作原理及时序电路的分析方法。

（6）掌握 555 定时器的逻辑功能，掌握 555 定时器构成的施密特触发器、单稳态触发器、多谐振荡器的组成及其工作原理。

2. 能力目标

（1）熟练掌握电烙铁的焊接方法及工艺。

（2）具备万用表、示波器、信号发生器等常用电子仪器的熟练使用能力。

（3）具备电子电路的设计、制作能力，电子电路的调试、维修能力。

（4）能对一般电子产品进行分析、重新制样，完成参数、性能的测试。

3. 素质目标

（1）具有创新意识、动手能力、独立分析问题的能力。

（2）具有严谨的工作态度和良好的工程施工人员素质。

（3）形成质量意识、团队意识和创新意识。

（4）养成良好的劳动习惯和卫生习惯。

第1章　电子实训基础工具的使用

对每位电子技术人员而言，要对电子产品进行装配、测试或检修的工作，就必须使用一些工具才能顺利完成任务。如果不能使用正确工具，则将影响电路品质，伤害工具本身，缩短产品寿命。因此，必须了解各种基础工具的用途，以及能正确使用工具。本章主要介绍尖嘴钳、斜口钳、镊子、热熔胶枪及面包板的使用方法和使用时的注意事项。

1.1　尖嘴钳

尖嘴钳在合起来时是呈锥形的，如图 1-1 所示，是电工电子领域常用的工具之一。其主要用途如下。

图 1-1　尖嘴钳

（1）带有刀口的尖嘴钳能剪切线径较细的单股、多股线。

（2）在装接控制线路时，使用尖嘴钳可以进行单股导线接头弯圈、剥塑料绝缘层，以及夹取小零件。

（3）夹持较小螺钉、垫圈、导线时使用。

注意事项：

①在使用尖嘴钳时必须熟知尖嘴钳的性能、特点、保管和维修及保养方法。工作前必须对尖嘴钳进行检查，严禁使用腐蚀、变形、松动、有故障、破损等不合格尖嘴钳。

②停用后，要及时将尖嘴钳擦拭干净。半年内不用者应涂油或用防腐法保存，停用一年以上的应涂油装入袋或箱内储存。

③使用时，通常是右手握住尖嘴钳，将钳口朝内侧，便于控制钳切部位，用小拇指伸在两钳柄中间来抵住钳柄、张开钳头，这样分开钳柄时很灵活。一般情况下，尖嘴钳的强度有限，不能够用它进行通常情况下人手的力量所达不到的工作。特别是型号较小的或普通尖嘴钳，用它弯折强度大的棒料板材时可能将钳口损坏。钳柄只能用手握，不能用其他方法加力。

1.2　斜口钳

斜口钳又称断线钳，钳柄有铁柄、管柄和绝缘柄三种。其中，电工用的绝缘柄斜口钳的外形如图 1-2 所示，绝缘柄的耐压为 500V。

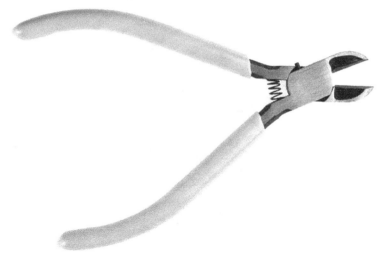

图 1-2　斜口钳

斜口钳的刀口可用来剖切软电线的橡皮或塑料绝缘层，主要用于剪切导线，较粗的金属丝、线材，元器件引脚。斜口钳常用来代替一般剪刀剪切绝缘套管、尼龙扎带等，钳子的齿口也可用来紧固或拧松螺母。

注意事项：

①使用斜口钳时要量力而行，不可以用来剪切钢丝、钢丝绳及过粗的铜导线和铁丝，否则容易导致钳子崩牙而损坏。

②使用工具的人员必须熟知工具的性能、特点、使用、保管和维修及保养方法。

③使用斜口钳时用右手操作，将钳口朝内侧，便于控制钳切部位，用小拇指伸在两钳柄中间来抵住钳柄，张开钳头，这样分开钳柄时很灵活。

1.3　镊子

在焊接过程中，镊子是不可缺少的工具，特别是在焊接小零件时，用手扶拿会烫手，既不方便，有时还容易导致短路。使用镊子进行协助焊接有助于电极的散热，从而起到保护元器件的作用。还可用它接引线、送引脚，以及进行元器件、集成电路引脚的整形，灵活方便。

不同的场合需要不同的镊子，一般要准备直头、平头、弯头镊子各一把，如图 1-3 所示。弯头镊子常用在使用热风枪吹焊操作中。镊子头要求既薄又尖，这样在操作时才能减少对其他元器件的影响。在使用时，用大拇指和食指夹住镊子，使镊子后柄位于掌心，视需要可以加上中指。注意不要太用力，以避免手发抖。

图 1-3　直头、平头、弯头镊子

1.4　热熔胶枪

热熔胶枪（如图 1-4 所示）广泛用于电子厂、包装厂，长时间在 300℃高温下使用都不会变形，具有精确的开断效果、多种多样的喷嘴（螺旋、条状、点状、雾状、纤维状），可满足不同生产线的要求，运转灵便，经久耐用。

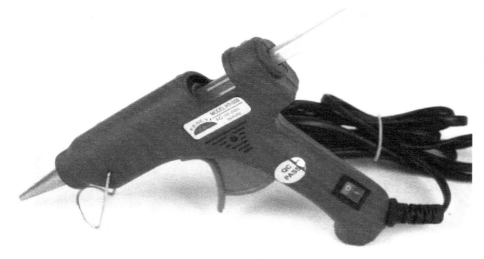

图 1-4　热熔胶枪

1. 正确使用热熔胶枪

（1）热熔胶枪的作业电压为 110～220V。

（2）热熔胶枪使用时应装上支架，喷嘴向下放在安稳平面上。

（3）热熔胶条从进胶口处推至枪膛（使用 $\phi 7\sim\phi 11$mm 胶条）。

（4）接通电源预热 3～5min，或者直到胶条彻底熔化。

（5）轻按扳机，让熔胶自然流出，用力过大会损坏热熔胶枪。作业结束后把喷嘴向下，拔去电源插头。

（6）切勿从进胶口处拉出胶条，热熔胶会导致灼伤或损坏热熔胶枪。

2. 热熔胶枪使用注意事项

（1）热熔胶枪插上电源前，应先检查电源线是否完好无损、支架是否俱备、已使用过的胶枪是否有倒胶等现象。

（2）热熔胶枪在使用前应先预热 3～5min，在不用时应直立于桌面。

（3）应保持热熔胶条表面干净，防止杂物堵住枪嘴。

（4）热熔胶枪在使用过程中若发现不出胶情况，则应检查热熔胶枪是否发热。

若热熔胶枪不能正常发热，原因可能是：

★电源没有插好；

★因短路而烧坏。

热熔胶枪正常发热情况下，原因可能是：

★枪嘴因有杂物堵住出胶口，应请专业人员处理；

★热熔胶枪倒胶而使胶条变粗，此时只需将胶条轻轻旋转一周并小心地向后拉出一小部分，把胶条变粗部分剥掉，再继续使用。

（5）避免在潮湿环境下使用胶枪，湿度过大会影响绝缘性能，可能会导致触电。

（6）喷嘴及熔胶温度非常高（大约为 200℃），除手柄外，不可接触其他部分。

（7）热熔胶枪中的胶条没有用完时，尽量不要把胶条从胶枪中拔出，否则可能会倒胶，影响出胶速度。

（8）不可随意拆卸及安装其电热部分零件，否则会导致失灵。

（9）热熔胶枪中的胶条发生倒流现象时，应立即停止使用，待专业人员清洁完毕倒流的热熔胶后方可使用。

（10）热熔胶枪连续加热超过 15min 或不用时，请切断电源。

1.5　面包板

面包板（如图 1-5 所示）的板子上有很多小插孔，很像面包中的小孔，因此而得名。面包板是专为电子电路的无焊接实验设计制造的，使用寿命在 10 万次以上。面包板采用工程塑料和高弹性不锈钢金属片加工而成，各种电子元器件可根据需要随意插入或拔出，免去了焊接，节省了电路的组装时间，而且元器件可以重复使用，所以非常适合电子电路的组装、调试和训练。

图 1-5　面包板

1. 面包板的结构

在面包板上，标有 A、B、C、D、E 字母的每列上有 5 个插孔，被其内部的一条金属簧片所接通，但列与列插孔之间是相互绝缘的。同理，标有 F、G、H、I、J 的每列的 5 个插孔也是相通的。面包板有上下两行 X 和 Y，每 5 列插孔为 1 组，通常面包板上有 10 组或 11 组。对于 10 组的结构，左边 3 组内部电气连通，中间 4 组内部电气连通，右边 3 组内部电气连通，但左边 3 组、中间 4 组及右边 3 组之间是不连通的。对于 11 组的结构，左边 4 组内部电气连通，中间 3 组内部电气连通，右边 4 组内部电气连通，但左边 4 组、中间 3 组及右边 4 组之间是不连通的。若使用时需要组间连通，则必须在两者之间跨接导线。图 1-6 所示为 3-4-3 型号面包板内部结构图，图 1-7 所示为 3-4-3 型号面包板背面电气连接图。

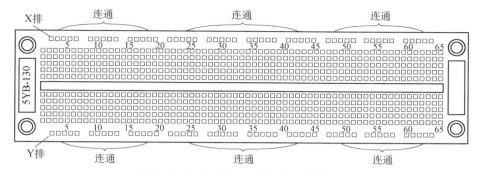

图1-6 3-4-3型号面包板内部结构图

图1-7 3-4-3型号面包板背面电气连接图

2. 面包板的使用方法

布线用的工具主要有剥线钳、斜口钳、尖嘴钳和镊子。剥线钳用于剥除电线头部的表面绝缘层。斜口钳用于剪断导线、元器件的多余引脚，尖嘴钳用于元器件引脚和导线的整形，镊子用于夹住导线或元器件的引脚送入面包板指定位置。

（1）插装分立元器件时，应便于看到元器件的极性和标志，将元器件引脚理直后，在需要的地方折弯。为了防止裸露的引线短路，必须使用带套管的导线，不要剪断元器件引脚，以便于重复使用。一般不要插入引脚直径大于0.6mm的元器件，以免破坏插座内部接触片的弹性。

（2）对多次使用的集成电路的引脚，必须修理整齐，引脚不能弯曲，所有的引脚都应稍向外偏，使引脚与插孔可靠接触。要根据电路图合理规划元器件在面包板上的排列方式，目的是走线方便。为了能正确布线并便于查线，所有集成电路的插入方向要保持一致，不能为了临时走线方便或缩短导线长度而把集成电路倒插。

（3）由于同一列的插孔是连通的，所以元器件的各个引脚不能插在同一列中，否则这个元器件的各个引脚就被短路了。

（4）根据信号流程的顺序，采用边安装边调试的方法。元器件安装之后，先连接电源线和地线。为了查线方便，连线尽量采用不同颜色。例如，与电源正极连接一般采用红色绝缘皮导线，与电源负极连接用蓝色，地线用黑线，信号线用黄色，也可根据条件选用其他颜色。

（5）面包板使用直径为0.6mm左右的单股导线。根据导线的距离及插孔的长度剪断导线，将线头剪成45°斜口，线头剥离长度约为6mm，要求全部插入底板以保证接触良好。裸线不宜露在外面，以防止与其他导线发生短路。

（6）独股线要求紧贴在面包板上，以免弹出面包板，造成接触不良。连线应在集成电路周围通过，不允许跨接在集成电路上，也不得使导线互相重叠在一起，尽量做到横平竖直，这样有利于查线、更换元器件及连线。

（7）最好在各电源的输入端和地之间并联一个容量为几十微法的电容，这样可以减少瞬变过程中电流的影响。为了更好地抑制电源中的高频分量，应在该电容两端再并联一个高频去耦电容，一般取 0.01～0.047μF 的独石陶瓷电容。

（8）在布线过程中，要求把各元器件在面包板上的相应位置及所用的引脚号标在电路图上，以保证调试和查找故障的顺利进行。

（9）所有的地线必须连接在一起，形成一个公共参考点。

3. 面包板的使用注意事项

（1）插入面包板插孔内的引脚或导线铜芯直径为 0.4～0.6mm，即比大头针的直径略微细一点。

（2）元器件引脚或导线头要沿面包板的板面垂直方向插入插孔，应能感觉到有轻微、均匀的摩擦阻力，在面包板倒置时，元器件应能被簧片夹住而不脱落。

（3）电路中的测试点和地线端最好专门引出导线进行测量，否则仪器的探头直接连接在元器件引脚上，容易造成元器件引脚被拉松。

（4）面包板的结构是由相邻的金属条组成，所以不可避免地会存在比较大的分布电容。经过实测，相邻两列的金属条的分布电容大约在 10pF。因此，面包板不适用于高频电路，也不适用于高速脉冲电路。

（5）面包板应放在通风、干燥处存放，避免被电池漏出的电解液腐蚀。要保持面包板清洁，焊接过的元器件不要插在面包板上。

第2章 电路焊接技术

在电子产品的装配过程中，电路焊接是一项重要的基础工艺技术，是保证电子产品质量和可靠性的基本环节。只有熟练掌握焊接技术，才能保证电路的焊接质量，以减少电路调试过程中不必要的故障隐患。本章主要介绍焊接技术的基本知识及锡焊的方法、操作步骤，手工焊接技巧等。

2.1 锡焊的基本知识

2.1.1 锡焊

焊接是连接各电子元器件及导线的主要手段。它利用加热、加压来加速工件金属表面原子间的扩散，依靠原子间的内聚力，在工件金属表面连接处形成牢固的合金层，从而将工件金属表面永久地结合在一起。焊接通常分为熔焊、接触焊和钎焊三大类。在电子产品装配中主要使用的是钎焊。在已加热的工件金属表面之间熔入低于工件金属熔点的焊料，借助焊剂的作用，依靠毛细现象，使焊料浸润工件金属表面，并发生化学变化，生成合金层，从而使工件金属表面与焊料结合为一体的焊接称为钎焊。钎焊按照使用焊料的熔点不同分为硬焊（焊料熔点高于450℃）和软焊（焊料熔点低于450℃）。

采用锡铅焊料进行焊接称为锡铅焊，简称锡焊，它是软焊的一种。除含有大量铬和铝等合金的金属不易焊接外，其他金属一般都可以采用锡焊焊接。锡焊方法简便，整修焊点、拆换元器件、重新焊接都较容易，所以使用的工具也简单。此外，它还具有成本低、易实现自动化等优点。在电子产品生产中，它是使用最早、范围最广和当前使用仍占较大比重的一种焊接方法。

2.1.2 锡焊的机理

锡焊的机理可以用以下三个过程来表述。

1. 浸润

加热后呈熔融状态的锡铅合金焊料在工件金属表面靠毛细作用扩散形成焊料层的过程称为焊料的浸润。浸润程度主要取决于焊件表面的清洁程度及焊料的表面张力。焊料的表面张力小，焊件表面无油污，并在涂有助焊剂的条件下，焊料的浸润性能较好。

2. 扩散

金属之间的扩散现象是指在温度升高时，金属原子在晶格点阵中是热振动状态，它会从一个晶格点阵转移到其他晶格点阵。扩散并不是在任何情况下都会发生的，而是要受到距离和温度条件的限制。锡焊时，焊料和工件金属表面的温度较高，焊料与工件金属表面的原子相互扩散，于是在两者接触的界面形成新的合金。

3. 界面层的结晶与凝固

焊接后，焊点温度降低到室温，这时就会在焊接处形成由焊料层、合金层和工件金属表面层组成的结构。合金层形成在焊料和工件金属表面之间。冷却时，合金层首先以适当的合金状态开始凝固，形成金属结晶，而后结晶向未凝固的焊料生长。

综上所述，关于锡焊的机理是，将表面清洁的焊件与焊料加热到一定温度时，焊料熔化并润湿焊件表面，在其界面上发生金属扩散并形成结合层，从而实现金属的焊接。

2.1.3　锡焊的条件

进行锡焊，必须具备以下几个条件。

1. 焊件必须具有良好的可焊性

所谓可焊性是指在一定温度下，低熔点的金属焊料加热熔化后，能够渗入并充填金属件连接处的间隙。不是一切金属都具有良好的可焊性，有些金属如铬、铝、钨等的可焊性就非常差；有些金属的可焊性又比较好，如紫铜、黄铜等。在焊接时，由于低温使金属表面形成氧化膜，影响金属材料的可焊性。为了进一步提高可焊性，可以采用表面镀锡、镀银等措施来避免金属表面的氧化。

2. 焊件表面必须保持洁净

为了使焊锡和焊件到达优秀的分离，焊接表面必须保持洁净。即便是可焊性优秀的焊件，由于储存或被氧化，也可能在焊件表面产生对浸湿有害的氧化膜和油污。在焊接前把氧化膜和油污清理干净，否则无法保证焊接质量。金属表面轻度的氧化层可以经过焊剂作用来清理，氧化程度严重的金属表面，则应采用机械或化学方法清理。

3. 选用适宜的助焊剂

助焊剂的作用是清理焊件表面的氧化膜，并减小焊料熔化后的表面张力。不同的焊接工艺，应选择不同的助焊剂，如镍铬合金、不锈钢、铝等金属材料，需使用专用的特殊助焊剂，否则无法进行焊锡的。在电子产品的电路板焊接中，一般采用松香助焊剂。

4. 选用正确的焊料

焊料的成分及性能应与被焊金属材料的可焊性、焊接温度及时间、焊点的机械强度相适应。锡焊工艺中使用的焊料是锡铅合金，根据锡、铅的比例及其他少量金属成分的含量不同，其焊接特性也有所不同，应根据不同的要求正确选用焊料。

5. 焊件要加热到适当的温度

焊接时，热能的作用是凝结焊锡和加热焊接对象，使锡、铅原子获得足够的能量浸透到被焊金属表面的晶格中而形成合金。焊接温度过低，对焊料原子浸透有利，无法形成合金，极易形成虚焊；焊接温渡过高，会使焊料处于非共晶形态，减速焊剂合成和挥发速度，使焊料质量下降，严重时还会导致印制电路板（印制板）上的焊盘零落。

6. 适宜的焊接时间

焊接时间包括被焊金属到达焊接温度的时间、焊锡的凝结时间、助焊剂发挥作用并生成金属合金的时间等。焊接时间过长，会损坏元器件并使焊点的外观变差；焊接时间过短则焊料不能充分润湿被焊接元器件，从而达不到焊接要求。每个焊点的焊接时间不宜超过 5s。

2.2 锡焊工具与焊接材料

2.2.1 电烙铁

电烙铁是手工焊接的主要工具，选择合适的电烙铁并合理地使用，是保证焊接质量的基础。由于用途、结构的不同，有各式各样的电烙铁。它按加热方式分为直热式、感应式等；按功率分为 20W、30W、…、300W 等；按功能分为单用式、两用式、调温式等。

常用的电烙铁一般为直热式，直热式又分为外热式、内热式、恒温式三大类。加热体也俗称烙铁芯，由镍铬电阻丝绕制而成。加热体位于烙铁头外面的称为外热式；位于烙铁头内部的称为内热式；恒温式电烙铁则通过内部的温度传感器及开关进行温度控制，实现恒温焊接。它们的工作原理相似，在接通电源后，加热体升温，烙铁头受热温度升高，达到工作温度后，即可熔化焊锡进行焊接。内热式电烙铁比外热式电烙铁热得快，从开始加热到达到焊接温度一般只需 3min 左右，热效率高，可达 85%～95%或以上，而且具有体积小、质量轻、耗电量少、使用方便、灵巧等优点，适用小型电子元器件和印制板的手工焊接。电烙铁结构图如图 2-1 所示。

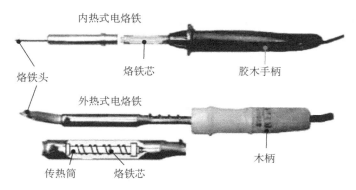

图 2-1　电烙铁结构图

1. 烙铁头的选择与修整

（1）烙铁头的选择。

为了保证焊接可靠方便，必须合理选用烙铁头的形状与尺寸，图 2-2 所示为各种常用烙铁头的外形。其中，圆斜面式是市售烙铁头的一般形式，适用于在单面板上焊接不太密集的焊点；凿式烙铁头多用于电器维修工作；尖锥式和圆锥式烙铁头适用于焊接高密度的焊点和体积小而怕热的元器件；当焊接对象变化大时，选用适合于大多数情况的斜面复合式烙铁头。

图 2-2　各种常用烙铁头的外形

选择烙铁头的依据是：应使它尖端的接触面积小于焊接处（焊盘）的面积。烙铁头接触面积过大，会使过量的热量传导给焊接部位，损坏元器件及印制板。一般来说，烙铁头越长、越尖，温度越低，需要焊接的时间越长；反之，烙铁头越短、越粗，则温度越高，需要焊接的时间越短。

每个操作者可根据习惯选用烙铁头，有经验的电子装配工人手中都备有几个不同形状的烙铁头，以便根据焊接对象的变化和工作的需要选用。

（2）烙铁头的保养。

①选用合适的焊锡，焊接时应使用铅含量为 63%～37%的焊料，并经常以镀锡层保护焊铁头。此外，应选用粗的焊锡进行焊接，因为较粗的锡线对焊铁头有较好的保护作用。

②保持焊铁头清洁，用湿润的专用清洁海绵抹去焊铁头上的助焊剂、旧焊锡和氧化物。每次使用后，一定要把焊铁头上的氧化物清洗干净，再在焊铁头的镀锡层加上新锡。

③经常在焊铁头表面涂上一层锡，可以降低焊铁头的氧化机会，使焊铁头更耐用。

④不使用电烙铁时，应小心地把电烙铁摆放在合适的烙铁架上，以免电烙铁受到碰撞而损坏。

⑤及时清理氧化物，当镀锡层部分含有黑色氧化物或生锈时，有可能使烙铁头上不了锡，不能进行焊接工作。若发现镀锡层有黑色氧化物而不能上锡，则必须及时清理。

2. 电烙铁的正确使用

使用电烙铁前首先要核对电源电压是否与电烙铁的额定电压相符，并注意用电安全，避免发生触电事故。电烙铁无论是第一次使用还是重新修整后再使用，使用前均需进行上锡处理。上锡后，如果出现烙铁头挂锡太多，而影响焊接质量，千万不能为了去除多余焊锡而甩或敲击电烙铁。因为这样可能将高温焊锡甩入周围人的眼中或身体上造成伤害；也可能使烙铁芯的瓷管破裂、电阻丝断损或连接杆变形发生移位，使电烙铁外壳带电造成触电伤害。去除多余焊锡或清除烙铁头上残渣的正确方法是在湿布或湿海绵上擦拭。

在使用电烙铁的过程中，还应注意经常检查手柄上的坚固螺钉及烙铁头上的锁紧螺钉是否松动，若出现松动现象，则易使电源线扭动、破损而引起烙铁芯引线相碰，造成短路。电烙铁使用一段时间后，还应将烙铁头取出，清除氧化层，以避免发生烙铁头取不出的现象。

焊接操作时，电烙铁一般放在方便操作的右方烙铁架中，与焊接有关的工具应整齐有序地摆放在工作台上，以养成文明生产的良好习惯。

2.2.2 焊料

焊料是易熔金属，熔点低于被焊金属。焊料熔化时，在被焊金属表面形成合金而与被焊金属连接在一起。焊料按成分可分为锡铅焊料、铜焊料、银焊料等。在一般电子产品装配中，主要使用锡铅焊料，俗称焊锡。

1. 锡铅合金

锡（Sn）是一种质软低熔点的金属，熔点为 232℃。锡在高于 13.2℃时呈银白色，低于 13.2℃时呈灰色，低于-40℃时变成粉末。常温下锡的抗氧化性强，并且容易与多数金属形成化合物。纯锡质脆，机械性能差。

铅（Pb）是一种浅清白色的软金属，熔点为 327℃，塑性好，有较高的抗氧化性和抗腐蚀性。铅属于对人体有害的重金属，在人体中积蓄能引起铅中毒。纯铅的机械性能很差。

锡铅合金是锡与铅以不同比例的熔合物，具有一系列锡与铅不具备的优点。

（1）熔点低。各种不同成分的锡铅合金的熔点均低于锡与铅各自的熔点。

（2）机械强度高。合金的各种机械强度均优于纯锡和纯铅。

（3）表面张力小，黏度下降，增大了液态流动性，有利于焊接时形成可靠接头。

（4）抗氧化性能好，铅具有的抗氧化性优点在合金中继续保持，使得焊料在熔化时减少了氧化量。

在实际应用中一般将含锡 61.9%、铅 38.1%的锡铅合金称为共晶焊锡，它具有熔点低（183℃）、凝固快、流动性好及机械强度高等优点，因此在电子产品的焊接中都采用这种配比的焊锡。

2. 焊锡物理性能及杂质影响

表 2-1 给出了不同成分锡铅焊料的物理性能及机械性能。由表中可以看出，含锡 60%的焊料，其抗张强度和剪切强度都较优，而铅量过高或过低性能都不理想。

表 2-1 锡铅焊料的物理性能及机械性能

锡（Sn）	铅（Pb）	导电性（铜100%）	抗张力（MPa）	折断力（MPa）
100	0	13.6	1.49	2.0
95	5	13.6	3.15	3.1
60	40	11.6	5.36	3.5
50	50	10.7	4.73	3.1
42	58	10.2	4.41	3.1
35	65	9.7	4.57	3.6
30	70	9.3	4.73	3.5
0	100	7.9	1.42	1.4

各种锡铅的焊料中不可避免地会含有微量元素。这些微量元素作为杂质，超过一定限度就会对焊锡的性能产生很大影响。表 2-2 列举了各种杂质对锡铅焊料性能的影响。

表 2-2　杂质对锡铅焊料性能的影响

杂　　质	对焊锡的影响
铜	会使锡铅焊料的熔点变高，流动性能变差，焊接印制板组件时易产生桥接和拉尖缺陷，一般焊锡中铜的允许含量为 0.3%～0.5%
锌	锡铅焊料熔入 0.001%的锌就会对焊接质量产生影响，熔入 0.005%时会使焊点表面失去光泽，锡铅焊料的润湿性变差，焊接印制板时易产生桥接的拉尖
铝	锡铅焊料中熔入 0.001%的铝就开始出现不良影响，熔入 0.005%时就可使焊接能力变差，流动性能变差，并产生氧化和腐蚀，使焊点出现麻点
镉	使锡铅焊料熔点下降，流动性变差，锡铅焊料晶粒变大且失去光泽
铁	使锡铅焊料熔点升高，难于熔接。焊料中有 1%的铁时，锡铅焊料就焊不上，并且会使锡铅焊料带有磁性
铋	使锡铅焊料熔点降低，机械性能变脆，冷却时导致龟裂
砷	使锡铅焊料流动性增强，表面变黑，硬度和脆性增加
磷	含少量磷可增加锡铅焊料的流动性，但对铜有腐蚀作用

不同标准的焊锡规定了杂质的含量标准，不合格的焊锡既可能是成分不准确，也可能是杂质含量超标，在生产中大量使用的焊锡应该经过质量认证。

为了使焊锡获得某种性能，也可掺入某种金属。例如，掺入 0.5%～0.2%的银，可使焊锡熔点低，强度高；掺入镉，可使焊锡变为高温焊锡。

2.2.3　助焊剂

焊接是电子装配中的主要工艺过程，助焊剂是焊接时使用的辅料，助焊剂通常是以松香为主要成分的混合物。

1. 助焊剂的作用

（1）清除氧化膜。助焊剂中的氯化物、酸类与氧化物发生还原反应，从而清除氧化膜。反应后的生成物变成渣末，悬浮在焊料表面。

（2）防止氧化。液态的焊锡及加热的焊件金属都容易与空气中的氧接触而氧化。助焊剂熔化后，悬浮在焊料表面，形成隔离层，因此防止了焊接面的氧化。

（3）减小表面张力，增加焊锡的流动性，有助于焊锡润湿。

（4）使焊点美观，合适的助焊剂能够整理焊点形状，保持焊点表面光泽。

2. 对助焊剂的要求

（1）熔点应低于焊料。

（2）表面张力、黏度、密度应小于焊料。

（3）残渣容易清除。

（4）不能腐蚀母材。

（5）不产生有害气体和臭味。

3. 助焊剂的分类与选用

助焊剂大致可分为无机焊剂、有机焊剂和树脂（松香）焊剂三大类。其中以松香为主要成分的树脂焊剂在电子产品生产中占有重要地位，成为专用型的助焊剂。

（1）无机助焊剂。

无机助焊剂一般用于非电子产品，具有高腐蚀性，常温下就能去除金属表面的氧化膜，容易损伤金属及焊点。

（2）有机助焊剂。

有机助焊剂有较好的助焊作用，但也有一定的腐蚀性，残渣不易清除，且挥发污染物污染空气，一般不单独使用，而是作为活化剂与松香一起使用。

（3）树脂（松香）助焊剂。

松香助焊剂在常温下几乎没有任何化学活力，呈中性，当加热到熔化时，呈弱酸性。它可与金属氧化膜发生还原反应，生成的化合物悬浮在液态焊锡表面，也起到使焊锡表面不被氧化的作用。焊接完毕恢复常温后，松香又变成固体，无腐蚀，无污染，绝缘性能好。为提高其活性，常将松香溶于酒精中再加入一定的活化剂。

2.2.4　阻焊剂

焊接中，特别是在浸焊及波峰焊中，为提高焊接质量，需要耐高温的阻焊涂料，使焊料只在需要的焊点上进行焊接，而把不需要焊接的部分保护起来，起到一种阻焊作用，这种阻焊材料叫作阻焊剂。

1. 阻焊剂的优点

（1）防止桥接、短路及虚焊等情况的发生，减少印制板的返修率，提高焊点的质量。

（2）因印制板板面部分被阻焊剂覆盖，焊接时受到的热冲击小，降低了印制板温度，使板面不易起泡、分层，同时也起到保护元器件和集成电路的作用。

（3）除了焊盘外，其他部位均不上锡，这样可以节约大量的焊料。

（4）使用带有色彩的阻焊剂，可使印制板的板面显得整洁美观。

2. 阻焊剂分类

阻焊剂按成膜方法，分为热固性和光固性两大类，即所用的成膜材料是加热固化还是光照固化。目前，热固化阻焊剂被逐步淘汰，光固化阻焊剂被大量采用。

热固化阻焊剂具有价格便宜、黏接强度高的优点，但也具有如加热温度高、加热时间长、印制板容易变形、能源消耗大、不能实现连续生产等缺点。

光固化阻焊剂在高压汞灯下照射 2～3min 即可固化，因此可节约大量能源，提高生产效率，便于自动化生产。

2.3　手工焊接技术

手工焊接是焊接技术的基础，也是电子产品装配中的一项基本操作技能。手工焊接适用于小批量生产的小型化产品、一般电子结构的整机产品、具有特殊要求的高可靠产品、某些不便于机器焊接的场合及在调试、维修中修复焊点和更换元器件等。

2.3.1 焊接操作的手法与步骤

由于助焊剂加热挥发的气体对人体有害，所以在焊接时应保持电烙铁距口鼻的距离不少于 20cm，通常以 30cm 为宜。

1. 电烙铁的手持方法

使用电烙铁的目的是为了加热被焊件进行焊接，但不能烫伤、损坏导线和元器件，为此必须正确掌握手持电烙铁的方法。

手工焊接电烙铁的手持方法包括正握法、反握法及握笔法。焊接元器件及维修电路板时，握笔法较为方便。

（1）反握法。

如图 2-3（a）所示，反握法的动作稳定，长时间操作不易疲劳，适用于大功率电烙铁的操作和热容量大的被焊件。

（2）正握法。

如图 2-3（b）所示，正握法适用于中等功率电烙铁或带弯头电烙铁的操作。

（3）握笔法。

如图 2-3（c）所示，一般在操作台上焊印制板等焊件，多采用握笔法，但长时间操作易疲劳，烙铁头会出现抖动现象。这种方法适用于小功率电烙铁的操作和热容量小的被焊件。

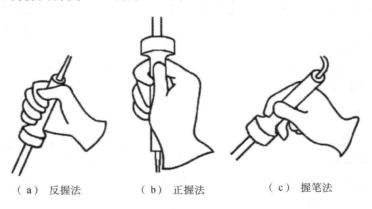

（a）反握法　　　　　（b）正握法　　　　　（c）握笔法

图 2-3　电烙铁的手持方法

2. 焊锡丝的拿捏法

拿捏焊锡丝的方法一般有两种，如图 2-4 所示。

（1）连续焊锡丝拿法。

用拇指和食指握住焊锡丝，其余三根手指配合拇指和食指把焊锡丝连续向前送进，如图 2-4（a）所示，它适用于成卷焊锡丝的手工焊接。

（2）断续焊锡丝拿捏法。

用拇指、食指和中指夹住焊锡丝。采用这种拿捏法时，焊锡丝不能连续向前送进，它适用于小段焊锡丝的手工焊接，如图 2-4（b）所示。

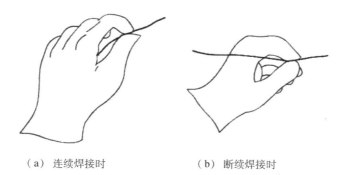

（a）连续焊接时　　　　　　　　（b）断续焊接时

图 2-4　焊锡丝的拿捏法

由于焊锡丝中含有一定比例的铅，而铅是对人体有害的一种重金属，因此操作时应戴手套或在操作后洗手，避免食入铅尘。

3. 焊接操作的基本步骤

为了保证焊接的质量，掌握正确的操作步骤是很重要的。经常看到有些人采用这样一种操作方法，即先用烙铁头粘上一些焊锡，然后将烙铁头放到焊点上停留，等待焊件加热后被焊锡润湿。这不是正确的操作方法。它虽然也可以将焊件连接起来，但不能保证质量。由焊接的原理不难理解，当焊锡在烙铁头上熔化时，焊锡中的焊剂附着在焊料表面，由于烙铁头的温度在250~350℃或以上，故当烙铁头放到焊点之前，松香助焊剂将不断挥发，因此在润湿过程中由于缺少助焊剂会导致润湿不良。而将烙铁头放到焊点时，由于焊件还没有加热，结合层不易形成，很容易造成虚焊。正确的操作步骤应当是五步，如图 2-5 所示为焊接五步法操作示意图。

（1）准备焊接。左手拿捏焊锡丝，右手握住电烙铁，进入备焊状态，如图 2-5（a）所示。要求烙铁头必须保持干净，表面无焊渣等氧化物，并且在表面镀有一层焊锡。

（2）加热焊件。烙铁头靠近焊件，加热整个焊件全体，时间为 1~2s，如图 2-5（b）所示。对于在印制板上焊接元器件，要注意使烙铁头同时接触焊盘和元器件的引线。

（3）送入焊锡丝。焊件的焊接面被加热到一定温度后，焊锡丝从电烙铁的对面接触焊件，如图 2-5（c）所示。注意不要把焊锡丝送至烙铁头处。

（4）移开焊锡丝。当焊锡丝熔化一定量后，立即向左上 45°方向移开焊锡丝，如图 2-5（d）所示。

（5）移开电烙铁。焊锡丝浸润焊盘和焊件的施焊部位后，向右上 45°方向移开电烙铁，结束焊接，如图 2-5（e）所示。

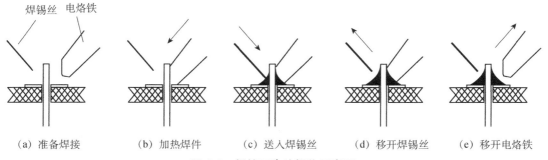

（a）准备焊接　　　（b）加热焊件　　　（c）送入焊锡丝　　　（d）移开焊锡丝　　　（e）移开电烙铁

图 2-5　焊接五步法操作示意图

上述过程，对一般焊点而言焊接时间为 2～3s。对于热容量较小的焊点，如印制板上的小焊盘，有时用三步法概括操作方法，即将上述步骤（2）和（3）合为一步，步骤（4）和（5）合为一步。实际上细微区分还是五步，所以五步法有普遍性，是掌握手工焊接的基本方法。特别应注意各步骤之间停留的时间，这对保证焊接质量至关重要。

4. 手工焊接操作手法

（1）保持烙铁头的清洁。

焊接时，烙铁头长期处于高温状态，又接触助焊剂等弱酸性物质，其表面很容易氧化腐蚀并粘上一层黑色杂质。这些杂质形成隔热层，妨碍了烙铁头与焊件之间的热传导。因此，要注意用一块湿布或湿的木质纤维海绵随时擦拭烙铁头。对于普通烙铁头，在腐蚀严重时可以使用锉刀修去表面氧化层。对于长寿命烙铁头，就绝对不能使用锉刀修去表面氧化层。

（2）靠增加接触面积来加快传热。

加热时，应让焊件上需要焊锡浸润的各部分均匀受热，而不是仅加热焊件的一部分，更不要采用电烙铁对焊件增加压力的办法，以免造成损坏。有些初学者用烙铁头对焊接面施加压力，企图加快焊接是不对的。

正确的方法是要根据焊件的形状选用不同的烙铁头，或者自己修整烙铁头，让烙铁头与焊件形成面的接触，而不是点或线的接触，这样就能大大提高传热效率。

（3）加热要靠焊锡桥。

在非流水线作业中，焊接的焊点形状是多种多样的，不可能不断更换烙铁头。要提高加热的效率，需要使用进行热量传递的焊锡桥。焊锡桥就是靠烙铁头上保留少量焊锡作为加热时烙铁头与焊件之间传热的桥梁。由于金属熔液的导热效率远远高于空气，使焊件很快就被加热到焊接温度。

（4）电烙铁撤离有讲究。

电烙铁的撤离要及时，而且撤离时的角度和方向与焊点的形成有关。焊点形成后电烙铁要及时向后 45°方向撤离，撤离时电烙铁应轻轻旋转一下，可使焊点保持适量的焊料。

（5）在焊锡凝固之前焊件勿动。

切勿使焊件移动或受到振动，特别是用镊子夹住焊件时，一定要等焊锡凝固后再移走镊子，否则极易造成焊点结构疏松或虚焊。

（6）焊锡用量要适中。

过量的焊锡不但造成浪费，而且还增加焊接时间，降低工作速度。更为严重的是，过量的焊锡很容易造成不易觉察的短路故障。焊锡过少也不能形成牢固的结合点，这同样是不利的。特别是焊接印制板引出导线时，焊锡用量不足，极易造成导线脱落。

（7）助焊剂用量要适中。

适量的助焊剂对焊接非常有利，过量使用松香助焊剂，焊接以后势必需要擦除多余的助焊剂，并且延长了加热时间，降低了工作效率。当加热时间不足时，又容易形成"夹渣"的缺陷。焊接开关、接插件时，过量的助焊剂容易流到触点上，会造成接触不良。合适的助焊剂量，应该是松香水仅能浸湿将要形成焊点的部位，不会透过印制板上的通孔流走。对使用松香芯焊丝的焊接来说，基本上不需要再涂助焊剂。

（8）不要使用烙铁头作为运送焊锡的工具。

有人习惯在焊接面上进行焊接，结果造成焊料的氧化。因为烙铁头顶部的温度一般都在

300℃左右，焊锡丝中的助焊剂在高温时容易分解失效。

2.3.2　合格焊点及质量检查

对焊点的质量要求，包括电气接触良好、机械结合牢固和美观三个方面。保证焊点质量是最重要的一点，即必须避免虚焊。

1. 对焊点的要求

（1）可靠的电气连接。

（2）足够的机械强度。

（3）光洁整齐的外观。

2. 典型焊点的外观

（1）形状为近似圆锥而表面稍微凹陷，呈慢坡状，以焊接导线为中心对称成裙形展开。虚焊点的表面往往向外凸出，可以鉴别出来。

（2）焊点上，焊料的连接面呈凹形自然过渡，焊锡和焊件的交界处平滑接触角尽可能小。

（3）表面平滑有金属光泽。

（4）无裂纹、针孔、夹渣。

3. 焊点的质量检查

焊接完成后，由于焊接检查与其他生产工序不同，没有一种机械化、自动化的检查测量方法，因此主要通过目视检查、手触检查和通电检查来发现问题。

（1）目视检查是指用眼睛观看焊点的外观质量及电路板整体的情况是否符合外观检验标准，即检查各焊点是否有漏焊、连焊、桥接、焊料飞溅及导线或元器件绝缘的损伤等焊接缺陷。

（2）手触检查主要是指用手触摸、摇动元器件时，焊点有无松动、不牢、脱落的现象，或者用镊子夹住元器件引脚轻轻拉动时，有无松动现象。

（3）通电检查必须是在外观及连线检查无误后才可进行的工作，也是检测电路性能的关键步骤。通电检查可以发现许多微小的缺陷，如用目测观察不到的电路桥接、虚焊等。

4. 常见焊点的缺陷与分析

造成焊接缺陷的原因有很多，但主要是焊接设计、材料、焊接工艺、焊接检验。在材料与工具一定的情况下，采用什么方式及操作者是否有责任心，就是决定的因素了。元器件焊接的常见缺陷如图 2-6 所示，常见焊接缺陷分析如表 2-3 所示。

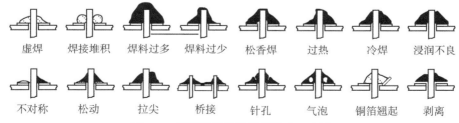

虚焊　焊接堆积　焊料过多　焊料过少　松香焊　过热　冷焊　浸润不良

不对称　松动　拉尖　桥接　针孔　气泡　铜箔翘起　剥离

图 2-6　元器件焊接的常见缺陷示意图

表 2-3 常见焊点缺陷分析

焊 点 缺 陷	外 观 特 征	危 害	原 因 分 析
虚焊	焊件与元器件引线或与铜箔之间有明显黑色界限，焊锡向界限凹陷	电气连接不可靠，不能正常工作	元器件引线未清洁好，有氧化层或油污、灰尘；助焊剂质量不好
焊量过多	焊料面呈凸形	浪费焊料，且可能有缺陷	焊锡撤离过迟
焊量过少	焊料未形成平滑面	机械强度不足	焊锡撤离过早或焊料流动性差而焊接时间又短
过热	焊点发白，无金属光泽，表面粗糙	焊盘容易剥落，强度降低	电烙铁功率过大，加热时间过长
冷焊	表面呈豆腐渣状颗粒，有时可能有裂纹	强度低，导电性不好	焊料未凝固前焊件抖动或电烙铁功率不够
空洞	焊锡未流满焊盘	强度不足	元器件引线未清洁好，焊料流动性不好，焊剂质量不好，加热时间不足
拉尖	出现尖端	外观不佳，容易造成桥接现象	助焊剂过少，而加热时间过长，电烙铁撤离角度不当
桥接	相邻导线连接	电气短路	焊锡过多，电烙铁撤离角度不当
剥离	铜箔从印制板上剥离	印制板被损坏	焊接时间长，温度高

2.3.3 拆焊

将已焊焊点拆除的过程称为拆焊。调试和维修中常需要更换一些元器件，在实际操作中，拆焊比焊接难度高，如果拆焊不得法，就会损坏元器件及印制板。拆焊也是焊接工艺中一个重要的工艺手段。

1. 拆焊的基本原则

拆焊前一定要弄清楚原焊接点的特点，不要轻易动手，其基本原则如下。

（1）不损坏待拆除的元器件、导线及周围的元器件。

（2）不可损坏印制板上的焊盘与印制导线。

（3）对已判定为损坏的元器件，可先将其引线剪断再拆除，这样可减少其他元器件损伤。

（4）在拆焊过程中，应尽量避免拆动其他元器件或变动其他元器件的位置，如果确实需要应做好复原工作。

2. 拆焊工具

常用的拆焊工具有以下几种。

（1）吸锡器。用于吸去熔化的焊锡，要与电烙铁配合使用。先用电烙铁将焊点熔化，再用吸锡器吸除熔化的焊锡。

（2）吸锡电烙铁。用于吸取熔化的焊锡，使焊盘与元器件或导线分离，达到解除焊接的目的。

（3）吸锡编带。用于吸取焊点上的焊锡，使用时将焊锡熔化，使之吸附在吸锡编带上。专用的吸锡编带价格昂贵，可用网状屏蔽线代替，效果也很好。

3. 拆焊的操作要点

（1）严格控制加热的温度和时间。

因拆焊的加热时间较长，所以要严格控制温度和时间，以免损坏导线的绝缘层、烫坏元器件或使焊盘脱落、断裂。拆焊时宜采用间隔加热法来进行拆焊，特别是对于热塑成形的元件。

（2）拆焊时不要用力过猛。

在高温状态下，元器件封装的强度会下降，尤其是塑封元器件，用力地拉、摇、扭都会损坏元器件和焊盘。

4. 拆焊方法

（1）剪断拆焊法。

被拆焊接点上的元器件引线及导线若留有裕量，或者确定元器件已损坏，可先将元器件或导线剪掉，再将焊盘上的线头拆下。

（2）保留拆焊法。

保留拆焊法能够完好地保留元器件的引线或导线的端头，拆焊后可以重新焊接。这种拆焊方法要求比较严格，操作也较困难。

如果遇到多引脚插焊件，虽然用吸锡器清除过焊料，但仍不能顺利摘除，这时应细心观察一下其中哪些引脚没有脱焊，找到后，用清洁而未带焊料的电烙铁对引脚进行熔焊，并对引脚轻轻施力，向没有焊锡的方向推开，使引脚与焊盘分离，多引脚插焊件即可取下。

（3）分点拆焊法。

对于卧式安装的阻容元器件，两个焊接点的间距较远，可用电烙铁分点加热，逐点拔出引线。如果引线是弯曲的，可用烙铁头撬直后再拆除。

拆焊时，将印制板竖起，一边用电烙铁加热待拆元器件焊点，一边用镊子或尖嘴钳夹住元器件引脚轻轻拉出。

（4）集中拆焊法。

晶体管及立式安装的阻容元器件之间焊接点距离较近，可用烙铁头同时快速交替加热几个焊接点，待焊锡熔化后一次拔出元器件。

对于多焊点的元器件，如集成电路等，可使用专用烙铁头对准各个焊点，一次加热取下。

5. 拆焊后重新焊接时应注意的问题

拆焊后一般都要重新焊上元器件或导线，操作时应注意以下几个问题。

（1）重新焊接的元器件引线和导线的剪截长度离底板或印制板的高度、弯折形状和方向，都应尽量保持与原来的一致，使电路的分布参数不会发生太大的变化，以免使电路的性能受到影响，特别是对于高频电子产品更要重视这一点。

（2）印制板拆焊后，如果焊盘孔被堵塞，应先用锥子或镊子尖端加热一下，从铜箔面将孔穿通，再插进元器件引线或导线进行重焊。特别是单面板，不能用元器件引线从印制板面捅穿孔，这样很容易使焊盘铜箔与基板分离，甚至使铜箔断裂。

（3）插焊点重新焊好元器件和导线后，应将因拆焊需要弯折、移动过的元器件恢复原状。一个熟练的维修人员对拆焊过的维修点一般是很容易看出来的。

2.4 实用焊接工艺

掌握原则和要领对于正确操作而言是必要的，但仅依照这些原则和要领并不能解决实际操作中的各种问题，具体工艺步骤和实际经验是不可缺少的。借鉴他人的经验，遵循成熟的工艺是初学者的必由之路。

2.4.1　焊接前的准备

为了提高焊接的质量和速度，在产品焊接前的准备工作应提前就绪，如熟悉装配图及原理图，检查印制板。除此之外，还要对待焊的电子元器件进行整形、镀锡处理。

1. 镀锡

为了提高焊接的质量和速度，避免虚焊等缺陷，应在装配前对焊接表面进行可焊性处理——镀锡，这是焊接前的一道十分重要的工序。特别是对一些可焊性差的元器件而言，镀锡是可靠连接的保证。

镀锡同样需要满足镀锡的条件及工艺要求才能形成结合层，将焊锡与待焊金属牢固地连接起来。

（1）元器件镀锡。

在小批量的生产中，可以用锡锅来镀锡，注意保持锡的合适温度。锡的温度可根据液态焊锡的流动性来大致判断，温度低，则流动性差，温度高，则流动性好，但锡的温度也不能太高，否则锡的表面将很快被氧化。电炉的电源可以通过调压器供给，以便于调节锡锅的最佳温度。在使用中，要不断去除锡锅里熔融锡表面的氧化层和杂质。

在大规模的生产中，从元器件清洗到镀锡都会自动生产完成；中等规模的生产也可以使用搪锡机给元器件镀锡。

在业余条件下，给元器件镀锡可用蘸锡的电烙铁沿着浸沾了助焊剂的引线加热，注意使引线上的镀层薄而均匀。待镀件镀锡后，良好的镀层表面应均匀光亮，没有颗粒及凹凸点。如果元器件的表面油污太多，要在镀锡之前采用机械的办法预先去除。

（2）导线的镀锡。

在一般的电子产品中，用多股导线连接还是常见的。如果导线接头处理不当，很容易引起故障。对导线镀锡要把握以下几个要点。

①剥除绝缘层时不要伤线。使用剥线钳剥除导线的绝缘层，若刀口不合适或工具本身质量不好，容易造成多股线头中有少数几根折断或虽未折断但有压痕的情况，这样的线头在使用中容易折断。

②多股导线的线头要很好地绞合。剥好的导线端头，一定要先将其绞合在一起，再镀锡；否则镀锡线头会散乱，无法插入焊孔，一两根散乱的导线很容易造成电气故障。同时，绞合在一起的多股线也增加了强度。

③导线头上涂助焊剂及镀锡处要与绝缘层留出一定的间隔。通常在镀锡前要将导线头浸沾松香水，有时也将导线放在松香块上或放在松香盒里，用电烙铁给导线端头涂覆一层松香，同时镀上焊锡。注意，不要让焊锡浸入导线的绝缘层中，要在绝缘层前留出 1～3mm 没有镀锡的间隔。

2. 元器件引脚的整形

在组装印制板时，为保证产品质量，提高焊接质量，避免浮焊，使元器件排列整齐、美观，元器件引脚整形是不可缺少的工艺流程。工厂生产中元器件整形多使用模具成形,而业余爱好者在试制过程中,一般用尖嘴钳或镊子整形。元器件引脚成形的各种形状如图 2-7 所示。

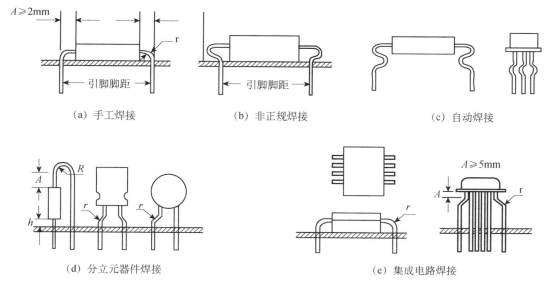

（a）手工焊接　　　　　　　　（b）非正规焊接　　　　　　　　（c）自动焊接

（d）分立元器件焊接　　　　　　　　　　（e）集成电路焊接

图 2-7　引脚整形示意图

其中,大部分需要在插装前弯曲成形,弯曲成形的要求取决于元器件本身的封装外形和印制板上的安装位置。元器件引脚整形应注意以下几点。

（1）引脚成形后,元器件本体不应产生破裂,表面封装不应损坏,引线弯曲部分不允许出现模印、压痕和裂纹。

（2）引脚成形时,引脚弯折处距离引线根部的尺寸应大于 2mm,弯折时不能打死弯,以防止引脚折断或被拉出。

（3）对于卧式安装,引脚弯曲半径尺寸应大于 2 倍引线直径,以减少弯折处的机械应力。

（4）引线成形后,两引出线要平行,其之间的距离应与印制板两焊盘孔的距离相同。对于卧式安装,还要求两引线左右弯折要对称,以便于插装。

2.4.2　元器件的安装与焊接

印制板的安装与焊接在整个电子产品制造中处于核心地位,可以说一个整机产品的"精华"部分都装在印制板上,其质量对整机产品的影响不言而喻。尽管在现代生产中,印制板的焊接日臻完善,实现了自动化,但在产品研制和维修领域,主要还是手工操作,而且手工操作经验也是自动化获得成功的基础。

1. 印制板和元器件的检查

装配前应对印制板和元器件进行检查,主要包括如下内容。

（1）印制板。图形、孔位及孔径是否符合图纸,有无断线、缺孔等,表面处理是否合格,有无污染或变质。

（2）元器件。品种、规格与外封装是否与图纸吻合,元器件引线有无氧化、锈蚀。对于要求较高的产品,还应注意操作时的条件,如手汗影响焊锡性能,腐蚀印制板;使用的工具如螺丝刀、钳子碰上印制板会划伤铜箔；橡胶板中的硫化物会使金属变质等。

2. 元器件的插装

元器件引线经过成形后，即可插入印制板的焊孔中。插装元器件时，要根据元器件所消耗的功率大小充分考虑散热问题，工作时发热的元器件在安装时不宜紧贴在印制板上，这样不但有利于元器件的散热，同时热量也不易传到印制板上，延长了印制板的使用寿命，降低了产品的故障率。

元器件的插装及注意事项如下。

（1）贴板插装，小功率元件一般采用这种安装方法。优点：稳定性好，插装简单；缺点：不利于散热，某些安装位置不适应。

（2）悬空插装。优点：适用范围广，有利于散热；缺点：插装较复杂，需控制一定高度以保持美观一致。悬空高度一般取 2～6mm。

（3）插装时注意元器件上字符的标注方向一致，易于读取参数。

（4）插装时不要用手直接接触元器件引脚和印制板上的铜箔，因为汗渍会影响焊接质量。

（5）插装后为了固定元器件可对引脚进行弯折处理。

3. 印制板的焊接

焊接印制板，除遵循焊锡要领外，还需注意以下几点。

（1）电烙铁。一般应选内热式 20～35W 或调温式电烙铁，烙铁头形状应根据印制板上的焊盘大小确定。目前，印制板上的元器件发展趋势是小型密集化，因此宜选用小型圆锥式烙铁头。

（2）加热方法。应尽量使烙铁头同时接触印制板上的铜箔和元器件引脚。对于较大的焊盘，在焊接时可移动电烙铁，即电烙铁绕焊盘转动，以免长时间停留于一点，导致局部过热。

（3）焊盘金属化孔焊接时，不仅要让焊料润湿焊盘，而且孔内也要润湿填充。因此，金属化孔的加热时间应长于单面板。

（4）焊接时不要用烙铁头摩擦焊盘的方法增强焊料的润湿性，要进行元器件的表面处理和预焊。

（5）耐热性差的元器件应使用工具辅助散热。

4. 焊后处理

（1）剪除多余的引脚，注意不要对焊点施加剪切力以外的其他力。

（2）检查印制板上所有元器件引脚的焊点，修补焊点的缺陷。

2.5　焊接训练

2.5.1　实训目的

（1）能正确使用电烙铁，掌握焊接要领和技巧。

（2）掌握焊接材料的种类和用处，正确处理焊点，正确判断焊接的质量。

2.5.2　实训内容

1. 图形焊接练习

用直径为 1mm 的铜丝焊接各种图形，掌握五步法（三步法）焊接技巧，练习左右手配合技巧，焊接图形如图 2-8 所示。

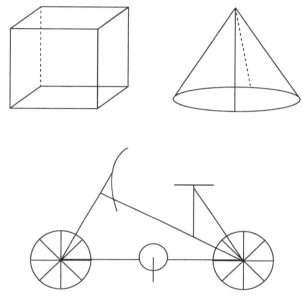

图 2-8　焊接图形

另外，用导线完成网焊、搭焊、钩焊、绕焊和插焊练习，并且检查焊接质量的好坏。

2. 元件焊接练习

在电路板上，完成正直立安装、倒装、卧装和横装电子元件的安装和焊接，掌握五步法（三步法），巩固手工焊接法。

（1）清理元件引脚，去掉氧化层。

（2）将元件引脚弯成所需形状。

（3）将元件插接到电路板上，焊接元件。

3. 拆焊练习

拆焊练习的内容如下。

（1）准备好待拆焊的电路板。

（2）用吸锡器拆焊元件。

（3）用吸锡编带拆焊元件。

把编带一端的铜丝放在待拆的焊点上，用电烙铁加热铜丝，并且用电烙铁轻压铜丝，根据毛细现象，把焊盘上的焊锡用吸锡编带吸出，重复上述动作，直到焊锡被去除。

（4）用尖嘴钳把元件拔出，避免手被烫伤。

2.5.3　实训器材

实训器材如下。
（1）废旧印制板 1 块。
（2）松香、焊锡、助焊剂若干。
（3）单股导线、吸锡编带若干。
（4）电烙铁 1 把，吸锡器 1 把。
（5）尖嘴钳、镊子等各 1 个。
（6）电阻、电容、二极管、三极管元件若干。

2.6　思考题

1. 常用的电烙铁有哪几种？应该如何选用？
2. 电烙铁主要由哪几部分构成？烙铁头应该如何选择与保养？
3. 如何正确使用电烙铁？
4. 什么是锡铅合金？有何优点？助焊剂的作用是什么？
5. 手工焊接手持电烙铁的方法有哪几种？焊锡丝的拿捏方法是什么？
6. 简述手工焊接的五步法。
7. 对手工焊接的焊点有哪些要求？
8. 常见的焊点有哪些缺陷？请分析其原因。
9. 拆焊的基本原则是什么？拆焊方法主要有哪几种？
10. 元器件引线成形的目的是什么？元器件引线成形应注意哪几点？

第3章　常用电子技术实验测量仪器

万用表、示波器、直流稳压电源、函数信号发生器是电子技术人员常用的电子仪器、仪表，本章主要介绍这些仪器、仪表的工作原理及使用方法。

3.1　万用表

万用表又称多用表、三用表、复用表，是一种多功能、多量程的测量仪表，一般万用表可测量直流电流、直流电压、交流电压、电阻和音频电平等，有的还可以测量交流电流、电容量、电感量及半导体的一些参数。万用表是一种简单实用的测量仪器。万用表有模拟式万用表和数字式万用表两种类型。

3.1.1　模拟式万用表

模拟式万用表是通过指针在表盘上摆动的幅度来指示被测量的数值的，因此也称其为指针式万用表，如图 3-1 所示。由于它具有价格便宜、使用方便、量程多、功能全等优点而深受使用者的欢迎。

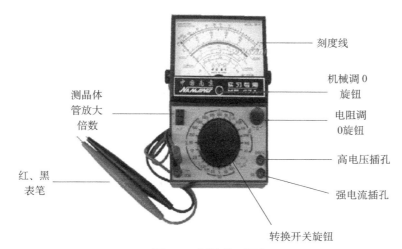

图 3-1　指针式万用表

1. 指针式万用表的组成

指针式万用表的种类有很多，但基本结构是类似的。指针式万用表主要由表头（指示部分）、挡位转换装置、测量电路三部分组成。其面板由带有多条标尺的刻度盘、转换开关旋钮、调 0 旋钮和插孔等部分组成。

（1）表头。

指针式万用表的表头一般采用灵敏度高、准确度好的磁电式直流微安表，它是指针式万用表的关键部件。指针式万用表的性能如何，很大程度上取决于表头的性能。

（2）挡位转换装置。

指针式万用表的转换装置是用来选择测量项目（交流电压、直流电压、直流电流、电阻）和量限（量程或倍率）的，它主要由转换开关、接线柱、旋钮、插孔组成。

（3）测量电路。

测量电路是指针式万用表的重要部分，因为有了测量电路，才使得指针式万用表成为多量程电流表、电压表、欧姆表的组合体。

指针式万用表的测量电路由电阻、电容、转换开关等部件组成。在测量交流电量的电路中使用了整流器件，将交流电转变为脉动直流电，从而实现了对交流电的测量。

2. 指针式万用表的表盘

指针式万用表表盘上的文字标志说明如下。

（1）"～"——交直流。

（2）"V—2.5kV 4000Ω/V"——对于交流电压及 2.5kV 的直流电压挡，其灵敏度为 4000Ω/V。

（3）"A—V—Ω"——可测量电流、电压及电阻。

（4）"45—65—1000Hz"——使用频率范围为 1000 Hz 以下，标准工频范围为 45～65Hz。

（5）"DC 2000Ω/V"——直流挡的灵敏度为 2000Ω/V。

为了便于读数，刻度线上有许多组数字，多数刻度线没有单位，这是为了便于在选择不同量程时使用。

3. 指针式万用表的使用方法

（1）在测量电阻、电压、电流前应先检查表针是否在 0 刻度的位置上，如果不在 0 位置上，应调整机械调 0 旋钮使表针指在 0 位置上。表针调 0 后，再把两根表笔插在插孔中，红色表笔插在注有 "+" 的插孔内，黑色表笔插在注有 "−" 的插孔内。另外还应检查电池是否安装完好，此表使用两节 5 号电池。

（2）欧姆挡。欧姆挡的标志是 "Ω"。在欧姆挡的两条框线内有 "×1"、"×10"、"×100"、"×1k" 四挡，根据要测量的电阻数值选择合适的挡位。如果要测量一只 30kΩ 的电阻是否准确，就要选择 R×1k 挡。这样才能保证表针在测量时指在刻度线中间位置附近，使测量误差小。测量不知道阻值的电阻，应先选择最大量程进行测量，以防止表针打坏；然后再选择合适的量程进行测量。

（3）直流电压挡。直流电压挡用"V–"表示，"V"表示电压，"–"表示直流，有的万用表用"DC"表示。选择电压挡时，如果已知电压为 20V 左右，为了检查这个电压的准确数值，就可以选择比这个被测电压略高的 50V 挡。如果某被测电压不知道数值，则应先从 500V 挡开始选取。若表针动得很小，则说明这个被测电压较低，再依次选择合适的挡位，使指针能够指示在较清晰的刻度上。

（4）交流电压挡。交流电压挡用"V～"表示，"V"表示电压，"～"表示交流，有的万用表用"AC"表示。选挡的方法同直流电压挡。

（5）直流电流挡。直流电流挡用"mA"表示，在"mA"框线内有 0.1、5、50、500 四挡。选挡方法同直流电压挡。

（6）测量直流电压、电流时，其正负端应与被测电压、电流的正负端连接。测量电流时，要把电路断开，将表串接在电路中。

（7）测量三极管 hFE 参数。首先将选挡开关旋至 R×10 挡，将测试表笔短路，调节电阻调 0 旋钮，使指针指在 0 位置。分开测试表笔，把选择开关旋至 hFE 挡，将被测三极管插入"PNP"或"NPN"（表上标注"N"或"P"）的插孔内。注意三极管的发射极、基极、集电极要分别插入相应的 E、B、C 插孔，不能插错。

（8）在使用指针式万用表的过程中，不能用手接触表笔的金属部分，这样一方面可以保证测量的准确性，另一方面也可以保证人身安全。

（9）在测量某一电量时，不能在测量的同时换挡，尤其是在测量高电压或大电流时更应注意，否则会使指针式万用表毁坏。如需换挡，应先断开表笔换挡后，再去测量。

（10）指针式万用表在使用时，必须水平放置以免造成误差。同时，还要注意避免外界磁场对指针式万用表的影响。

（11）指针式万用表使用完毕，应将转换开关旋钮置于交流电压的最大挡或 OFF 挡。如果长期不使用，还应将其内部的电池取出来，以免电池腐蚀表内其他器件。

注意：

转换开关旋钮必须拨至需测挡位，不能拨错。如果测量电压时误拨在电流或电阻挡，将会损坏表头。

3.1.2　数字式万用表

数字式万用表是采用集成电路模数转换器和液晶显示器，将被测量的数值直接以数字形式显示出来的一种电子测量仪器。它操作方便、读数精确、功能齐全、体积小巧、携带方便。数字式万用表可用来测量交/直流电压、交/直流电流、电阻、二极管正向压降、晶体三极管 hFE 参数及电路通断等。图 3-2 所示为 VC9807A 型数字式万用表。

图 3-2　VC9807A 型数字式万用表

1. 直流电压的测量

（1）将黑表笔插进"COM"插孔，红表笔插进"VΩ"插孔。

（2）将转换开关旋钮置于直流电压量程范围内，并且将表笔并接到待测电源或负载上。

注意：

①在测量前不知道被测电压的范围时，应将转换开关旋钮置于最大量程挡位并根据需要逐步调低挡位。

②数值可以直接从显示屏上读取，若显示为"1"，则表明量程太小，那么就要加大量程后再测量。

③不要测量高于 1000V 的电压，否则会损坏万用表内部电路。

④特别注意，在测量高压时，避免人体接触到高压电路。

2. 交流电压的测量

（1）将黑表笔插进"COM"插孔，红表笔插进"VΩ"插孔。

（2）将转换开关旋钮置于交流电压量程范围内，并且将表笔并接到待测电源或负载上。

注意：

①同直流电压测量注意事项①、②、③。

②不要测量高于 750V 的电压，否则会损坏万用表内部电路。

3. 直流电流的测量

（1）将黑表笔插进"COM"插孔，当被测电流在 2A 以下时，红表笔插进"mA"插孔；如果被测电流在 2～20A 之间，则将红表笔插进"20A"插孔。

（2）将转换开关旋钮置于直流电流量程范围内，并且将表笔串接到待测电路中。

注意：

①在测量前不知道被测电流的范围时，应将转换开关旋钮置于最大量程挡位并根据需要逐步调低挡位。

②仅最高位显示为"1"，则表明量程太小，需要加大量程后再测量电路。

③"mA"插孔输入时，过载会将万用表内装熔断器熔断，更换熔断器的规格应为 2A（ϕ 5mm × ϕ 20mm）。

④"20A"插孔没有使用熔断器，测量时间应小于 15s。

4. 交流电流的测量

测量方法和注意事项类同于直流电流的测量。

5. 电阻的测量

（1）将黑表笔插入"COM"插孔，红表笔插入"VΩ"插孔（红表笔极性为"+"）。

（2）将转换开关旋钮置于所需"Ω"量程上，将测试笔跨接在被测电阻上。

注意：

① 当输入开路时，会显示过量程状态"1"。

② 如果被测电阻超过所用量程，则会指示出过量程"1"，要用高挡量程测量。当被测电阻在 1MΩ 以上时，需数秒后方能稳定读数。

③ 检测在线电阻时，必须确认被测电路已关掉电源，同时电容已放完电后，方能进行测量。

6. 二极管测试

（1）将黑表笔插入"COM"插孔，红表笔插入"VΩ"插孔（红表笔极性为"+"）。

（2）测量二极管时，把转换开关旋钮置于有二极管图形符号所指示的挡位上。红表笔接正极，黑表笔接负极。对于硅二极管来说，应有 500～800mV 的数字显示。若把红表笔接负极，黑表笔接正极，表的读数应为"1"。若正反测量都不符合要求，则说明二极管已损坏。

7. 通断测试

（1）将黑表笔插入"COM"插孔，红表笔插入"VΩ"插孔。

（2）将转换开关旋钮置于"蜂鸣器"挡位，将红、黑表笔放在要检查的线路两端。

（3）若被检查两点之间的电阻小于 30Ω，则蜂鸣器会发出声音。

注意：

① 当输入端接入开路时显示过量程状态"1"。

② 被测电路必须在切断电源的状态下检查通断，因为任何负载信号将使蜂鸣器发出声音，导致判断错误。

8. 晶体三极管 hFE 参数测量

（1）将转换开关旋钮置于"hFE"挡位。

（2）先认定晶体三极管是 NPN 型还是 PNP 型，然后再将被测管的 E、B、C 三个引脚分别插入面板对应的晶体三极管插孔内。

（3）数字式万用表显示的是 hFE 参数的近似值。

9. 读数保持

在测量过程中，将读数保持开关（HOLD）按下，即能保持显示读数；释放该开关，读数会有变化。

3.2　常用示波器及其使用

示波器是利用示波管内电子射线的偏转，在荧光屏上显示出电信号波形的仪器，它是一种综合性的电信号测量仪器，其主要特点如下。

（1）不仅能显示电信号的波形，还可以测量电信号的幅值、周期、频率和相位等。

（2）测量灵敏度高、过载能力强。

（3）输入阻抗高。

示波器是一种应用非常广泛的测量仪器。

3.2.1　示波器的组成

示波器由荧光屏、示波管、电源、垂直偏转系统、水平偏转系统等部分组成，其结构框图如图 3-3 所示。

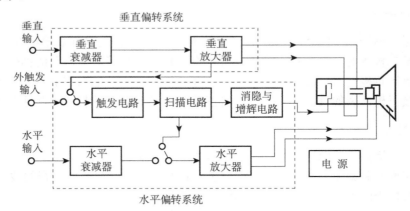

图 3-3　示波器的结构框图

1. 荧光屏

荧光屏是示波管的显示部分，屏幕上水平方向和垂直方向各有多条刻度线，指示出信号波形的电压和时间之间的关系。水平方向指示时间，垂直方向指示电压。水平方向分为 10 格，垂直方向分为 8 格，每格又分为 5 份。垂直方向标有 0%、10%、90%、100%等标志，水平方向标有 10%、90%标志，用以测量并显示直流电平、交流信号幅值、延迟时间等参数。被测信号在屏幕上占的格数乘以适当的比例常数即得出电压值与时间值。

2. 示波管和电源系统

（1）电源（Power）开关。

示波器主电源开关。当此开关被按下时，电源指示灯亮，表示电源接通。

（2）辉度（Intensity）旋钮。

旋转此旋钮能改变光点和扫描线的亮度。观察低频信号时可小些，高频信号时可大些。一般不应太亮，以保护荧光屏。

（3）聚焦（Focus）旋钮。

聚焦旋钮用于调节电子束截面大小，将扫描线聚焦成最清晰的状态。

（4）标尺亮度（Illuminance）旋钮。

标尺亮度旋钮用于调节荧光屏后面的照明灯亮度。在正常室内光线下，照明灯暗一些较好。在室内光线不足的环境中，可适当调亮照明灯。示波管的构成如图 3-4 所示。

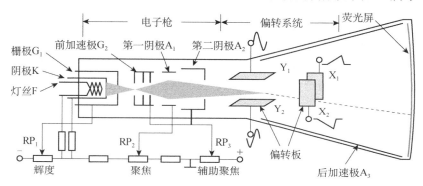

图 3-4　示波管的构成

3. 垂直偏转因数和时基选择

（1）垂直偏转因数选择和微调旋钮。

在单位输入信号的作用下，光点在屏幕上偏移的距离称为偏移灵敏度，这个定义对 X 轴和 Y 轴都适用。灵敏度的倒数称为偏转因数。垂直灵敏度的单位是 cm/V、cm / mV 或 div / mV、div / V，垂直偏转因数的单位是 V / cm、mV / cm 或 V / div、mV / div。实际上因习惯用法和测量电压读数方便，有时也把偏转因数当作灵敏度。

双踪示波器中每个通道各有一个垂直偏转因数选择波段开关。一般按 1—2—5 方式将 5mV / div～5V / div 分为 10 挡。波段开关指示的值代表荧光屏上垂直方向 1 格的电压值。例如，波段开关置于 1V / div 挡时，如果屏幕上信号光点移动 1 格，则代表输入信号电压变化 1V。每个波段开关上往往还有一个小旋钮，用于微调每挡垂直偏转因数。将它沿顺时针方向旋到底，处于"校准"位置，此时垂直偏转因数值与波段开关所指示的值一致。逆时针旋转此旋钮，能够微调垂直偏转因数。垂直偏转因数微调后，会造成与波段开关的指示值不一致的现象，这点应引起注意。许多示波器具有垂直扩展功能，当微调旋钮被拔出时，垂直灵敏度扩大若干倍。例如，如果波段开关指示的垂直偏转因数是 1V / div，采用 ×5 扩展状态时，垂直偏转因数是 0.2V / div。

（2）时基选择和微调旋钮

时基选择和微调的方法与垂直偏转因数选择和微调的方法类似。时基选择也通过一个波段开关实现，按 1—2—5 方式把时基分为若干档。波段开关的指示值代表光点在水平方向移动 1 格的时间值。例如，在 1μs / div 挡，光点在屏上移动 1 格代表时间值 1μs。微调旋钮用于时基校准和微调。当沿顺时针方向旋到底，处于校准位置时，屏幕上显示的时基值与波段开关所示的标称值一致。逆时针旋转旋钮，则对时基微调。微调旋钮被拔出后处于扫描扩展状态。通常为×10 扩展，即水平灵敏度扩大 10 倍，时基缩小到 1 / 10。例如，在 2μs / div 挡，扫描扩展状态下荧光屏上水平 1 格代表的时间值为 2μs×10×10=0.2ms。

示波器的标准信号源 CAL，专门用于校准示波器的时基和垂直偏转因数。例如，COS5041 型示波器标准信号源提供一个 V_{PP}=2V、f=1kHz 的方波信号。

示波器前面板上的位移旋钮（POSTTTION）用于调节信号波形在荧光屏上的位置。旋转水平位移旋钮（标有水平双向箭头）可以左右移动信号波形，旋转垂直位移旋钮（标有垂直双向箭头）可以上下移动信号波形。

3.2.2　示波器的使用

利用示波器可以进行电压、时间、相位差、频率的测量。在使用示波器进行测量时，示波器的有关调节旋钮必须处于校准状态。例如，测量电压时，Y 通道的衰减器调节旋钮必须处于校准位置；测量时间时，扫描时间调节旋钮必须处于校准状态。只有这样测得的值才是准确的。

1. 电压测量

用示波器可以测量正弦波电压的峰峰值、有效值、最大值和瞬时值，也可以测量各种波形电压的峰峰值、瞬时值，还可以测量方波的上升沿和下降沿。

（1）直流电压的测量。

测量直流电压时，示波器通道的耦合方式应选择直流耦合（Y 轴放大电路的下限截止频率为 0），进行测量时必须校准示波器的 Y 轴灵敏度，并且将其微调旋钮旋转至"校准"位置。测量方法如下。

①将 Y 轴输入耦合开关置于"地"位置，触发方式开关置于"自动"位置，使屏幕显示一条水平扫描线，此扫描线便为零电平线。

②将输入耦合开关置于"DC"位置。

③将被测信号经衰减探头（或直接）接入示波器输入端，调节 Y 轴灵敏度旋钮，使扫描线有合适的偏转量，如图 3-5 所示。如果直流电压的坐标刻度（纵轴）与零线之间的距离为 H（div），Y 轴灵敏度旋钮的位置为 S_Y（V / div），探头的倍增系数为 k，则所测量的直流电压值 $U_X=S_YHk$。

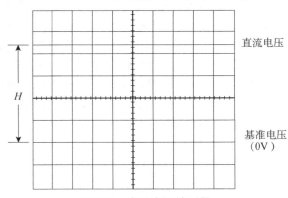

图 3-5　直流电压的测量

（2）交流电压的测量。

①将 Y 轴输入耦合开关置于"AC"位置。

②根据被测信号的幅值和频率，调整 Y 轴灵敏度旋钮和 X 轴的扫描时间旋钮于适当的挡位，将被测信号通过探头接入示波器的 Y 轴输入端，然后调节触发"电平"，使波形稳定，如图 3-6 所示。被测的电压峰峰值 $U_{XPP}=HS_Yk$，有效值 $U_X=U_{XPP}/（2\sqrt{2}）$。参照上述方法可以测定电压的瞬时值。

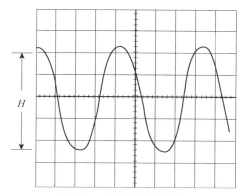

图 3-6　交流电压的测量

交流信号的频率很低时，应将 Y 轴输入耦合开关置于"DC"位置。上述被测电压是不含直流成分的正弦信号，一般选用交流耦合方式；如果信号频率很低，应选择直流耦合方式；当输入信号中含有直流成分的交流信号或脉冲信号时，也通常选用直流耦合方式，以便全面观察信号。

2. 相位测量

利用示波器测量相位的方法有很多，采用双踪法测量两个频率相同的相位差是很直观、方便的，如图 3-7 所示。

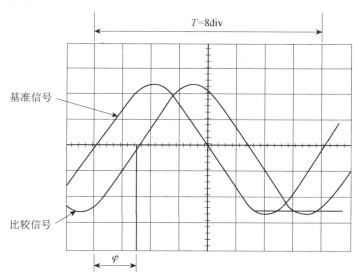

图 3-7　双踪法测量相位

双踪法是用双踪示波器在荧光屏上直接比较两个被测电压的波形来测量其相位关系的。测量时，将相位超前的信号（基准信号）接入 YB 通道，另一个信号（比较信号）接入 YA 通道，选用 YB 触发。调节"t/div"开关，使被测波形的一个周期在水平标尺上准确地占满 8div，这样，一个周期的相角 360° 被 8 等分， 1div 相当于 45°。读出超前波与滞后波在水平轴的差距 T，按下式计算相位差 ϕ：

$$\phi = 45°/\text{div} \times T$$

如果 T=1.5div，则 ϕ=45°/div×1.5div=67.5°。

3. 时间测量

示波器时基能产生与时间呈线性关系的扫描线，因此可以用荧光屏的水平刻度来测量波形的时间参数，如周期性信号的重复周期、脉冲信号的宽度、时间间隔、上升时间（前沿）和下降时间（后沿）、两个信号的时间差等。

将示波器的扫速开关"t/div"的"微调"装置转至校准位置，显示的波形在水平方向刻度所代表的时间可按"t/div"开关的指示值直接计算，从而较准确地求出被测信号的时间参数。

4. 频率测量

频率就是周期的倒数，若有周期值，直接就可以换算成频率了。

此外，有些示波器带有频率、周期、直流电压、交流电压等的测试功能，利用该功能就可以直接显示出被测信号的各种参数了。

3.2.3 DS-1072U 型示波器简介

DS-1072U 型示波器是具有数字存储功能的 100/70/50MHz 带宽数字双踪示波器。

DS-1072U 型示波器面板结构及使用说明如下。

其面板结构如图 3-8 所示，按功能可分为显示区、垂直控制区、水平控制区、触发控制区、功能区 5 个区；另有 5 个菜单按钮，3 个输入连接端口。下面分别介绍各部分的控制按钮及屏幕上显示的信息。

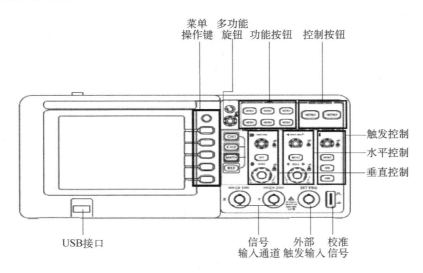

图 3-8   DS-1072U 型示波器的面板结构

1. 显示区

荧光屏是示波器的显示部分，屏幕在显示图像时，除波形外，还显示出许多有关波形和仪器控制设定值的细节，如图 3-9 所示。

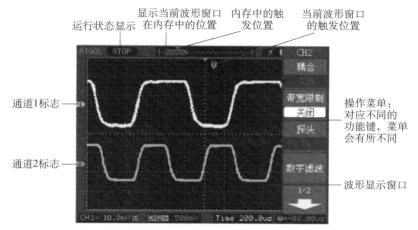

图 3-9 屏幕显示

2. 垂直控制区

垂直控制区（VERTICAL）如图 3-10 所示，其中有 1 个按钮、2 个旋钮。

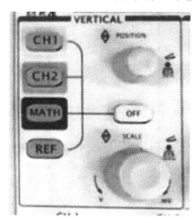

图 3-10 垂直控制区

（1）信号输入端子（CH1 或 CH2）。被测信号通过示波器探头由此端口输入。

（2）使用垂直旋钮（POSITION）可以改变扫描线在屏幕垂直方向上的位置，顺时针旋转使扫描线上移，逆时针旋转使扫描线下移。

（3）灵敏度调节旋钮（SCALE）可以改变"V/div（伏/格）"垂直挡位。粗调是以 1—2—5 方式步进确定垂直挡位灵敏度；粗调、细调通过垂直旋钮切换。

（4）OFF 按钮用于关闭当前选择的通道。

（5）MATH（数学运算）功能的实现。数学运算功能是显示 CH1 或 CH2 通道波形相加、相减、相乘、相除及 FFT 运算的结果。运算结果可以通过栅格或游标进行测量，每个波形只允许一项数学运算操作。

（6）REF（参考波形）功能的实现。实际测试过程中可以把波形和参考波形样板进行比较，从而判断故障的原因。

3. 水平控制区

水平控制区（HORIZONTAL）中有 1 个按钮、2 个旋钮，如图 3-11 所示。

（1）使用水平旋钮（POSITION）调整通道波形（包括数学运算）的水平位置。

（2）扫描时间旋钮（SCALE）可以改变"s/div（秒/格）"水平挡位。水平扫描时间为 1～50s，以 1—2—5 的形式步进，在延迟扫描状态可达到 10ps/div。可通过 SCALE 旋钮切换到延迟扫描状态。

（3）MENU 按钮。显示 TIME 菜单，在此菜单下，可以开启/关闭延迟扫描或切换 Y-T、X-T、X-Y 显示模式。

4. 触发控制区

触发控制区（TRIGGER）中有 1 个旋钮、3 个按钮，如图 3-12 所示。

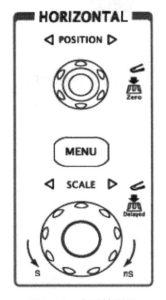

图 3-11　水平控制区

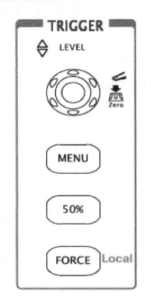

图 3-12　触发控制区

（1）使用 LEVEL 旋钮可以改变触发电平位置。转动 LEVEL 旋钮，可以看到屏幕上出现一条橘红色的触发线及触发标志随旋钮转动而上下移动。停止转动该旋钮，此触发线和触发标志会在 5s 后消失。在移动触发线的同时，可以观察到屏幕上触发电平的数值或百分比发生了变化。

（2）使用 MENU 按钮触发操作菜单，可以改变触发位置。触发类型有边沿触发、视频触发和脉宽触发三种。选取边沿触发时，在输入信号的上升或下降的边沿触发。选取视频触发是对标准视频信号进行场或行视频触发。脉宽触发根据脉冲的宽度来确定触发时刻，可以通过设定脉宽条件来捕捉异常脉冲。

触发方式：触发方式分为正常、自动、单次三种。正常触发方式只执行有效触发；自动触发方式允许在缺少有效触发时获得功能自由运行，自动触发方式允许没有触发的扫描波形设定在 100ms/div 或更慢的时基上；单次触发方式只对一个事件进行单次获得，单次获得的顺序内容取决于获取状态。

（3）50%按钮。设定触发电平在触发信号幅值的垂直中点。

（4）FORCE 按钮。强制产生一个触发信号，主要应用于触发方式中的正常和单次模式。

5. 功能区

在功能区中共有 6 个按钮，如图 3-13 所示。这些功能按钮的名称及其所显示功能表的内容分别介绍如下。

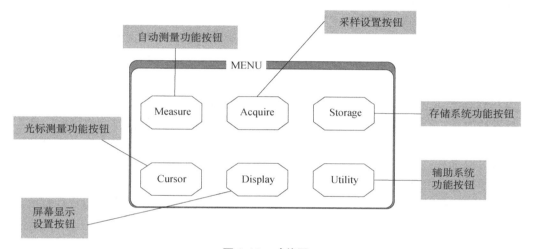

图 3-13 功能区

（1）Display 是屏幕显示设置按钮，用于选择波形的显示方式及改变波形的显示外观。显示类型包括矢量和光点两种，设定矢量显示方式时显示出连续波形，设定光点显示方式时只显示取样点。

持续时间是指设定显示的取样点保留显示的一段时间，设定值分为 1s、2s、5s、无限、关闭 5 种。当持续时间功能设定为无限时，记录点一直积累，直到控制值被改变为止。

使用 Display 按钮弹出设置菜单，通过菜单调整屏幕显示设置方式。

（2）Storage 是存储系统功能按钮，使用该按钮可弹出波形存储或内部存储菜单。在选择波形存储时不但可以保存两个通道的波形，而且可以同时存储当前的状态设置。在存储器中可以永久保存 10 种设置，并且可以在任意时刻重新写入设置。

（3）Utility 是辅助系统功能按钮，使用该按钮可弹出辅助系统功能菜单，根据需要进行功能设置。另外，在该功能菜单中的自校正程序可迅速地使示波器达到最佳状态，以取得最精准的测量值。在进行自校正时，应将所有探头或导线与输入连接器断开，然后执行自校正程序。

语言设定是指可选择操作系统的显示语言。

（4）Measure 是自动测量功能按钮，使用该按钮可以显示自动测量操作菜单，在该菜单中可以测量 10 种电压参数和 10 种时间参数。

（5）Cursor 是光标测量功能按钮。通过使用该按钮可以移动光标测量一对电压光标或时间光标的坐标值及两者之间的增量。光标测量方式分为三种，即手动测量方式、追踪测量方式和自动测量方式。

① 手动测量方式。光标电压或时间方式成对出现，并且可手动调整光标的间距。显示的读数即为测量的电压或时间值。当使用光标时首先将信号源设定为所要测量的波形。

注意，只有光标功能菜单显示时才能移动光标。

② 追踪测量方式。水平与垂直光标交叉构成十字光标，十字光标自动定位在波形上，通过旋转对应的垂直控制区或水平控制区的 POTTION 旋钮，可以调整十字光标在波形上的水平位置，同时显示光标的坐标值。

注意，只有光标追踪菜单显示时才能水平移动光标。

③ 自动测量方式。在自动测量模式下，系统会显示对应的电压或时间光标，以揭示测量的物理意义。系统根据信号的变化，自动调整光标的位置并计算相应的参数值。此方法在未选择任何自动测量参数时无效。

（6）Acquire 是采样设置按钮，通过菜单控制按钮调整采样方式。在观察单次信号时，选用实时采样方式；在观察高频信号时，选用等效采样方式；在观察信号的包络时，为避免混淆，选用峰值检测方式；若期望减少所显示信号中的随机噪声，则选用平均采样方式，平均值的次数可以选择；在观察低频信号时，选择滚动方式；若希望显示波形接近模拟示波器效果，则选择模拟获取方式。

另外，还有执行按钮（AUTO），可自动设定仪器各项控制值，以产生适宜观察的波形显示。按该按钮能快速设置和测量信号。

启动/停止按钮（RUN/STOP）：启动和停止波形获取。当启动获取功能时，波形显示为活动状态；当停止获取功能时，则冻结波形显示。在停止的状态下，对波形垂直挡位和水平时基可以在一定的范围内调整，相当于对信号进行水平或垂直方向上的扩展。在水平挡位为50ms 或更小时，水平时基可向上或向下扩展 5 个挡位。

3.3 DPS6333L 双路直流电源

3.3.1 概述

DPS6333L 双路直流电源有稳压、稳流两种工作模式，这两种工作模式可随负载的变化而自动切换。两路电源可分别调整，也可跟踪调整，因此可以构成单极性或双极性电源。该电源具有较强的过流与输出短路保护功能，当外界负载过大或短路时，电源自动进入稳流工作状态。电源输出电压（电流）值由面板上的数字表直接显示，直观、准确。

3.3.2 DPS6333L 双路直流电源功能

DPS6333L 双路直流电源功能介绍如表 3-1 所示。

表 3-1　DPS6333L 双路直流电源功能介绍

	DPS6333L 双路直流电源		
输出	通道	CH1 和 CH2	CH3
	电压	0～30V	2.5V/3.3V/5V
	电流	3A（6333L）	0～3A
恒压	效应	源效应：≤0.01%+3mV 负载效应：≤0.01%+3mV（设定电流≤3A）； ≤0.02%+5mV（设定电流>3A）	
	纹波及噪声	≤1mV rms（5Hz～1MHz）	
	反应时间	上升时间：≤50ms（空载到满载） 下降时间：≤250ms（满载到空载）	
	输出范围	0 至设定电压连续可调	
恒流	效应	源效应：≤0.2%+3mA 负载效应：≤0.2%+3mA	
	纹波	≤3mA rms	
	输出范围	0 至设定电流连续可调	
组合	并联	源效应：≤0.01%+3mV 负载效应：≤0.01%+5mV（设定电流≤3A）； ≤0.02%+5mV（设定电流>3A）	
	串联/跟踪	源效应：≤0.01%+5mV 负载效应：≤300mV 跟踪误差：≤0.5%±30mV	
显示	显示	4 位数显，红色/绿色	
	解析度	电压：10mV（0～最大值） 电流：1mA（0～最大值）	
	编程精度 （25℃±5℃）	电压：≤±（读值 0.5%+2 位） 电流：≤±（读值 0.5%+2 位）	
	读出精度 （25℃±5℃）	电压：≤±（读值 0.5%+2 位） 电流：≤±（读值 0.5%+3 位）	
CH3	输出电压	3.3V（±5%）	
	输出电流	3A	
	效应	源效应：≤5mV 负载效应：≤15mV	
	纹波及噪声	≤2mV rms	
功能	面板锁定	有	
	存储/呼出	10组：4组（CH1，手动）+4组（CH2，手动）+2组（每通道的关机前状态，自动）	

3.3.3　DPS6333L 双路直流电源面板各部分的作用与使用方法

1. DPS6333L 双路直流电源面板的作用

DPS6333L 双路直流电源的面板如图 3-14 所示。

图中各部分的名称及作用如下。

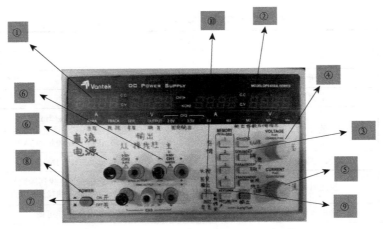

图 3-14　DPS6333L 双路直流电源的面板

① 显示窗。显示 3 路电源输出电压或电流的值，以及显示输出参数存储指示。

② 电源独立通道（CH1/CH2）选择，两个电压输出通道。CH1 为"主"输出通道，CH2 为"从"输出通道。

③ 电源串联、并联独立选择开关。此时调节主电源电压调节旋钮，从路输出电压严格跟踪主路输出电压，使输出电压最高可达两路电压之和。按下按钮为并联跟踪，此时调节主电源电压调节旋钮，从路输出电压严格跟踪主路输出电压；调节主电源电流调流旋钮，从路输出电流跟踪主电路输出电流，使输出电流最高可达两路电流之和。

④ 输出电压调节旋钮。调节主、从两路电源输出电压的大小。

⑤ 输出电流调节旋钮。调节电源进入稳流状态时的输出电流值，该值便为稳压工作状态模式的最大输出电流（输出电流达到该值，电源自动进入稳流状态），所以在电压处于稳压状态时输出电流不可调节得过小，否则电源进入稳流状态时，不能提供足够的电流。

⑥ 主、从两路电源输出的正、负极接线柱。

⑦ 从左到右 3 个接线柱分别为 2.5V、3.3V、5V 直流电源输出接线柱。

⑧ 电源开关。交流输入电源开关。

⑨ 面板锁定。

⑩ 长按输出固定电压。

2. 使用直流电源时应注意的问题

（1）输出电压的调节最好在负载开路时进行，输出电流的调节最好在负载短路时进行。

（2）如上所述，使用输出电流调节旋钮设置电源进入稳流状态的输出电流值，该值便是稳压工作模式的最大输出电流，也是稳压、稳流两种工作状态转换的电流阈值。因此，当电源作为稳压电源工作时，如果上述电流阈值不够大，则随着负载的减小使输出电流增加到阈值后就不再增加，这时电源失去稳压作用，会出现输出电压下降的现象，此时应调节电流调节旋钮，加大输出电流的阈值，以使电源带动较大的负载。同样，当电源作为稳流电源工作时，其电压阈值也应适当调大一些。

3.4　函数信号发生器

3.4.1　DG1022U 函数信号发生器简介

1. 概述

DG1022U 函数信号发生器是一台双通道函数/任意波形发生器，能产生正弦波、三角波、方波、斜波、脉冲波 5 种波形，且输出信号精确、稳定、低失真。内部 AM、FM、PM、FSK 调制功能使仪器能够方便地调制波形，无须单独调制源。

2. 主要技术性能

（1）DDS 直接数字合成技术，得到精确、稳定、低失真的输出信号。

（2）双通道输出，可实现通道耦合，通道复制。

（3）输出 5 种基本波形，内置 48 种任意波形。

（4）可编辑输出 14bit、4k 点的用户自定义任意波形。

（5）100MSa/s 采样率。

（6）具有丰富的调制功能，输出各种调制波形：调幅（AM）、调频（FM）、调相（PM）、二进制频移键控（FSK）、线性和对数扫描（Sweep）、脉冲串（Burst）模式。

（7）丰富的输入/输出：外接调制源，外接基准 10MHz 时钟源，外触发输入，波形输出，数字同步信号输出。

（8）高精度、宽频带频率计。

测量功能：频率、周期、占空比、正/负脉冲宽度。

频率范围：100～200MHz（单通道）。

（9）支持即插即用 USB 存储设备，并且可通过 USB 存储设备存储、读取波形配置参数与用户自定义任意波形，以及进行软件升级。

（10）标准配置接口：USB Host & Device。

（11）与 DS1000 系列示波器无缝对接，直接获取示波器中存储的波形并无损地重现。

（12）可连接和控制 PA1011 功率放大器，将信号放大后输出。

（13）图形化界面可对信号设置进行可视化验证。

（14）中/英文嵌入式帮助系统，支持中/英文输入。

3.4.2　DG1022U 函数信号发生器面板操作按钮

DG1022U 向用户提供简单而功能明晰的面板，如图 3-15 所示，包括各种功能按钮、旋钮及菜单按钮。

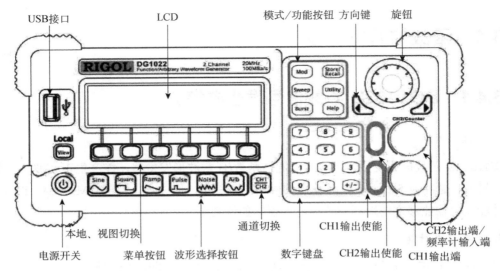

图 3-15　DG1022U 面板

① DG1022U 提供 3 种界面显示模式：单通道常规模式、单通道图形模式及双通道常规模式。这 3 种显示模式可通过面板左侧"View"（本地视图切换）按钮切换。用户可通过"CH1/CH2"（通道切换）按钮来切换活动通道，以便于设定每个通道的参数并观察、比较波形，如图 3-16 所示。

图 3-16　单通道常规及图形显示模式

② 波形选择区。例如，按下"Sine"按钮，波形图标变为正弦信号，并且在状态区左侧出现"Sine"字样。通常设置频率/周期、幅值/高电平、偏移/低电平、相位，可以得到不同参数值的正弦波，如图 3-17 所示。

图 3-17　正弦波常规显示界面

③ 通道切换。使用"CH1/CH2"按钮切换通道，当前选中的通道可以进行参数设置。在单通道常规和图形模式下均可进行通道切换，以便用户观察和比较两个通道中的波形。

④ 使用"Output"按钮，启用或禁用面板的输出连接器输出信号。已按下"Output"按钮的通道显示"ON"且按钮灯点亮。在频率计模式下，CH2 对应的"Output"连接器作为频率计的信号输入端，CH2 自动关闭，禁用输出，如图 3-18 所示。

⑤ 如图 3-19 所示，在面板右侧上方有 3 个按钮，分别用于调制、扫描及脉冲串的设置。在本信号发生器中，这 3 个功能只适用于通道 1。

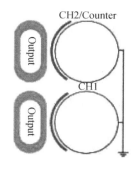

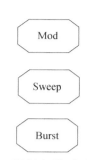

图 3-18　通道输出、频率计输入　　　　图 3-19　调制/扫描/脉冲串按钮

★ 使用"Mod"按钮，可输出经过调制的波形，并且可通过改变类型、内调制/外调制、深度、频率、调制波等参数来改变输出波形。DG1022U 可使用 AM、FM、FSK 或 PM 调制波形，可调制正弦波、方波、锯齿波或任意波形（不能调制脉冲、噪声和 DC）。

★ 使用"Sweep"按钮，对正弦波、方波、锯齿波或任意波形扫描（不允许扫描脉冲、噪声和 DC）。

★ 使用"Burst"按钮，可以产生正弦波、方波、锯齿波、脉冲或任意波形的脉冲串波形输出，噪声只能用于门控脉冲串。

⑥ 面板上有左右方向键和旋钮、数字键盘，如图 3-20 所示。

（a）方向键和旋钮　　　　　　　　　（b）数字键盘

图 3-20　面板的数字输入

★ 方向键：用于切换数值的数位、任意波形文件/设置文件的存储位置。

★ 旋钮：改变数值大小。在 0～9 范围内改变某一数值的大小时，顺时针转 1 格加 1，逆时针转 1 格减 1；还用于切换内建波形种类、任意波形文件/设置文件的存储位置、文件名输入字符。

★ 数字键盘：直接输入需要的数值，改变参数大小。

⑦ 操作面板上有 3 个按钮，分别用于存储/调出、辅助系统功能及帮助功能的设置，如图 3-21 所示。

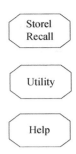

图 3-21　存储/调出、辅助系统功能、帮助功能设置按钮

★使用"Store/Recall"按钮，可以存储或调出波形数据和配置信息。

★使用"Utility"按钮，可以进行设置同步输出开/关、输出参数、通道耦合、通道复制、频率计测量；查看接口设置、系统设置信息；执行仪器自检和校准等操作。

★使用"Help"按钮，可以查看帮助信息列表。

3.5　YB3371 计数器

1. YB3371 计数器简介

YB3371 是一台测频范围为 1Hz～1.5GHz 的多功能计数器，其主要功能是 A、B 通道测频，以及 A 通道测周期和 A 通道计数等。

2. 主要计数指标

（1）输入特性。

① A 通道：1Hz～1.5GHz。

② 测频范围：1Hz～1.5GHz、1Hz～3GHz。

③ 输入阻抗：A 通道为 1MΩ，B 通道为 50Ω。

④ 最大输入：A 通道为 $50V_{PP}$，B 通道为 1V（均方根值）。

⑤ 测周期范围：10ns～1s。

⑥ 计数容量：0～99999999。

⑦ 适应波形：正弦波、三角波、脉冲波。

⑧ 闸门时间：10ms、100ms、1s、10s。

（2）电源。

电源：220V±10%；50Hz。

3. 功能说明

YB3371 计数器面板如图 3-22 所示。

图中各部分的名称如下。

① 电源开关。

② A 通道 BNC 输入端。

③ B 通道 BNC 输入端。

④ A 通道频率功能键。
⑤ A 通道周期功能键。
⑥ A 通道计数功能键。
⑦ B 通道周期功能键。
⑧ A 通道衰减按钮。
⑨ 低通开关。
⑩ LED 显示屏。

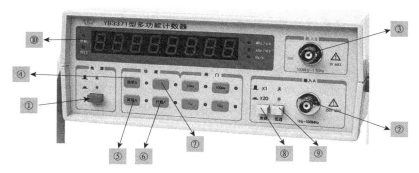

图 3-22　YB3371 计数器面板

3.6　电子测量仪器的选择

近年来，数字式仪器、仪表技术飞速发展，由于其易于集成化，便于和计算机结合，易于数据的分析和处理，因此它已大量应用于各个测量领域。

由于测量仪器在不同的频段，即使功能相同的仪器，其工作原理与结构也有很大的不同。对于不同的应用场合，也常使用不同精确度的仪器。通常选择仪器时应考虑如下问题。

（1）量程。被测量的最大值和最小值各为多少？选择何种仪器更合适？

（2）准确度。被测量允许的最大误差是多少？仪器的误差及分辨率是否满足要求？

（3）频率特性。被测量的频率范围是多少？在此范围内仪器频响是否平直？

（4）仪器的输入阻抗在所有两个量程内是否满足要求？如果输入阻抗不是常数，其数值变化是否在允许的范围内？

（5）稳定性。两次校准之间允许的最大时间范围是多少？能否在长期无人管理下工作？

（6）环境。仪器使用环境是否满足要求？供电电源是否合适？

3.7　常用电子仪器、仪表的使用

3.7.1　实训目的

（1）掌握常用电子仪器、仪表的使用方法。

（2）掌握几种典型模拟信号的幅值、有效值和周期的测量。

3.7.2 实训内容

1. 熟悉电子仪器、仪表

熟悉示波器、信号发生器、万用表和直流稳压电源等常用电子仪器、仪表面板上各按钮的名称及作用。

2. 掌握电子仪器、仪表的使用方法

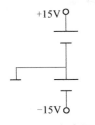

图 3-23 正负电源

（1）直流稳压电源的使用。

① 将两路可调电源独立稳压输出，调节一路输出电压为 10V，另一路输出电压为 15V。

② 将直流稳压电源的输出连接为图 3-23 所示的正负电源形式，输出直流电压±15V。

③ 将两路可调电源串联使用，使输出稳压值为 48V。

（2）示波器、信号发生器和万用表的使用。

① 示波器双踪显示，调出两条扫描线。注意观察当触发方式置于"正常"时有无扫描线。

② 信号的测试。用示波器显示校准信号的波形，测量该信号的电压峰峰值、周期、高电平和低电平，并且将测量结果与已知的校准信号峰峰值、周期比较。

③ 正弦波信号的测试。用信号发生器产生频率为 1kHz（由 LED 屏幕指示），有效值为 2V（用万用表测量）的正弦波信号，再用示波器显示该正弦交流信号的波形，测出其周期、频率、峰峰值，将数据填入表 3-2 中。

表 3-2　实验数据（一）

使用仪器	正弦波			
	周　期	频　率	峰峰值	有效值
信号发生器		1kHz		
万用表				2V
示波器				

④ 叠加在直流电压上的正弦波信号的测试。调节信号发生器，产生一个叠加在直流电压上的正弦波信号。由示波器显示该信号波形，并且测出其直流分量为 1V，交流分量峰峰值为 5V，周期为 1ms，如图 3-24 所示。

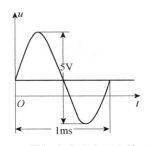

图 3-24　叠加在直流电压上的正弦波

用万用表分别测出该信号的直流分量和交流电压的有效值，用函数发生器测出（显示）该信号的频率，将数据填入表 3-3 中。

表 3-3　实验数据（二）

使用仪器	直流分量	交流分量			
		峰 峰 值	有 效 值	周 期	频 率
示波器	1V	5V		1ms	
万用表					
信号发生器					

（3）几种周期性信号的幅值、有效值及频率的测量。

调节信号发生器，使其输出信号波形分别为正弦波、方波和三角波。信号的频率为 2kHz（由函数发生器频率指示），信号的大小由万用表（交流挡）测量为 1V。用示波器显示信号波形，并且测量信号的周期和峰值，计算出频率和有效值。将数据填入表 3-4 中（有效值的计算可参考表 3-5）。

表 3-4　实验数据（三）

信 号 波 形	函数发生器频率指示/kHz	交流毫伏表指示/V	示波器测量值		计 算 值	
			周 期	峰 值	频 率	有 效 值
正弦波	2	1				
方波	2	1				
三角波	2	1				

表 3-5　各种信号波形有效值 $U_有$、平均值 $U_平$、峰值 $U_峰$ 之间的关系

信 号 波 形	全波整流后		
	$U_有/U_平$（波形系数）	$U_平/U_峰$	$U_有/U_峰$
正弦波	1.11	$2/\pi$	$1/\sqrt{2}$
方波	1.00	1	1
三角波	1.15	1/2	$1/\sqrt{3}$

3.8　思考题

1. 指针式万用表如何测电阻、交/直流电压、直流电流？使用时应注意什么？

2. 数字式万用表如何测电阻、交/直流电压、直流电流？

3. 使用示波器时，若出现无图像、自由垂直线、只有水平线、图像不稳定的情况，试说明其原因，应调整哪些旋钮加以解决？

4. 用示波器测量电压和周期时，垂直微调旋钮应置于什么位置？

5. 用示波器测量直流电压的大小与测量交流电压的大小相比，在操作方法上有哪些不同？

6. 设已知一个信号发生器的输出电压有效值为 10V，此时如何使用数字键盘调节电压使其降为 6V，其余参数无须改变？

第4章 模拟电路元器件的识别与测试

在电子产品中，电子元器件种类繁多，其性能和应用范围也有很大的不同。随着电子工业的飞速发展，电子元器件的新产品层出不穷，其品种规格繁杂。本章对电阻器、电位器、电容器、电感器、半导体器件、集成电路及电声器件等常用的电子元器件进行简单介绍。

4.1 电阻器

当电流通过导体时，导体对电流的阻碍作用称为电阻。在电路中起电阻作用的元件称为电阻器，简称电阻。电阻器是电子产品中通用的电子元件。它是耗能元件，在电路中的主要作用为分流、限流、分压，用作负载电阻和阻抗匹配等。

4.1.1 电阻器的图形符号与单位

1. 电阻器的图形符号

电阻器在电路图中用字母 R 表示，常见电阻器的图形符号如图 4-1 所示。

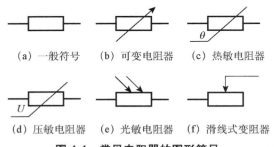

（a）一般符号　　（b）可变电阻器　　（c）热敏电阻器

（d）压敏电阻器　　（e）光敏电阻器　　（f）滑线式变阻器

图 4-1　常见电阻器的图形符号

2. 电阻的单位

欧［姆］（Ω）为电阻的基本单位，但在电子工程上这个单位太小了，实际应用中需要用比 Ω 大得多的单位，如 kΩ、MΩ、GΩ 及 TΩ 等，它们的关系如下：

$$1T\Omega = 1000G\Omega$$

$$1G\Omega = 1000M\Omega$$

$$1M\Omega=1000k\Omega$$
$$1k\Omega=1000\Omega$$

4.1.2　电阻器的分类

电阻器种类繁多，形状各异，功率也不同。

1. 按结构形式分类

电阻器按结构形式分为固定电阻器、可变电阻器两大类。固定电阻器的种类比较多，主要有碳膜电阻器、金刚膜电阻器和线绕电阻器等。固定电阻器的电阻值固定不变，阻值的大小就是它的标称值。

2. 按制作材料分类

电阻器按制作材料分为线绕电阻器、碳膜电阻器、金属膜电阻器、水泥电阻器等。

3. 按形状分类

电阻器按形状分为圆柱形电阻器、管形电阻器、片状电阻器、钮形电阻器、马蹄形电阻器、块形电阻器等。

4. 按用途分类

电阻器按用途分为普通型电阻器、精密型电阻器、高频型电阻器、高压型电阻器、高阻型电阻器、敏感型电阻器等。

4.1.3　常用的电阻器

常用的电阻器如图 4-2 所示。

碳膜电阻器　　　金属膜电阻器　　　　线绕电阻器　　　　光敏电阻器　　　　压敏电阻器　　　　热敏电阻器

图 4-2　常用的电阻器

1. 碳膜电阻器

碳膜电阻器是最早、广泛使用的电阻器。它将结晶碳沉积在陶瓷棒骨架上，用蒸发的方法将一定电阻率材料蒸镀于绝缘材料表面制成，通过改变碳膜的厚度或长度来确定阻值。碳膜电阻器成本低、性能稳定、阻值范围宽、温度系数和电压系数低、耐高温、高频特性好、精度高、稳定性好、噪声小，常在精密仪表等高档设备中使用。

2. 金属膜电阻器

金属膜电阻器是用真空蒸发的方法将合金材料蒸镀于陶瓷棒骨架表面，通过改变金属膜的厚度或长度来确定阻值。这种电阻器精度高、稳定性好、体积小、噪声小、温度系数小，在精密仪表等高档设备中大量使用。

3. 线绕电阻器

线绕电阻器用高阻合金线绕在绝缘骨架上制成，外面涂有耐热的釉绝缘层或绝缘漆。这种电阻器分为固定和可变两种。线绕电阻器具有较低的温度系数、阻值精度高、功率大等优点；但其高频性能差、时间常数大。它适用于大功率场合，额定功率在 1W 以上。

4. 光敏电阻器

光敏电阻器是电导率随吸收的光量子多少而变化的敏感电阻器，利用半导体的光电效应特性制成，其阻值随着光照的强弱而变化。光敏电阻器主要用于自动控制、光电计数、光电跟踪等场合。

5. 热敏电阻器

热敏电阻器是一种具有正负温度系数的热敏元件。NTC 热敏电阻器具有负温度系数，其阻值随温度升高而减少，可用于稳定电路的工作点。PTC 热敏电阻器具有正温度系数，在达到某一特定温度前，其阻值随温度升高而缓慢下降，当超过这个温度时，其阻值急剧增大。这个特定温度点称为居里点。PTC 热敏电阻器在家电产品中被广泛应用，如彩色电视机的消磁电阻器、电饭煲的温控器等。

4.1.4 电阻器型号的命名方法

示例：RJ71 精密金属膜电阻器命名方法如图 4-3 所示。

电阻器型号根据 GB 2471—81 命名，如表 4-1 所示。

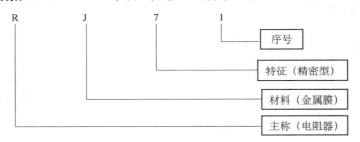

图 4-3 RJ71 精密金属膜电阻器命名方法

表 4-1 电阻器型号的命名方法

第一部分：主称		第二部分：材料		第三部分：特征			第四部分：序号
符号	意义	符号	意义	符号	电阻值	电位器	
R	电阻器	T	碳膜	1	普通	普通	对主称、材料相同，仅性能指标、尺寸大小有区别，但基本不影响互换使用的产品，给同一序号；若性能指标、尺寸大小明显影响互换时，
W	电位器	H	合成膜	2	普通	普通	
		S	有机实心	3	超高频	—	
		N	无机实心	4	高阻	—	
		J	金属膜	5	高温	—	
		Y	氧化膜	6	—	—	
		C	沉积膜	7	精密	精密	

第一部分：主称		第二部分：材料		第三部分：特征			第四部分：序号
符号	意义	符号	意义	符号	电阻值	电位器	则在序号后面用大写字母作为区别代号
R	电阻器	I	玻璃釉膜	8	高压	特殊函数	
W	电位器	P	硼酸膜	9	特殊	特殊	
		U	硅酸膜	G	高功率	—	
		X	线绕	T	可调	—	
		M	压敏	W	—	微调	
		G	光敏	D	—	多圈	
		R	热敏	B	温度补偿	—	
				C	温度测量	—	
				P	旁热式	—	
				W	稳压式	—	
				Z	正温度系数	—	

4.1.5　电阻器的主要参数

1. 标称阻值

电阻器表面所标注的阻值叫作标称阻值。不同精度等级的电阻器，其阻值系列不同。标称阻值是按国家规定的电阻器标称阻值系列选定的，标称阻值系列如表 4-2 所示，阻值单位为 Ω。

表 4-2　标称阻值系列

标称阻值系列	允许误差	精度等级	电阻器标称阻值
E6	±20%	III	1.0　1.5　2.2　3.3　4.7　6.8
E12	±10%	II	1.0　1.2　1.5　1.8　2.2　2.7　3.3　3.9　4.7　5.6　6.8　8.2
E24	±5%	I	1.0　1.1　1.2　1.3　1.5　1.6　1.8　2.0　2.2　2.4　2.7　3.0 3.3　3.6　3.9　4.3　4.7　5.1　5.6　6.2　6.8　7.5　8.2　9.1

注：使用时将表列数值乘以 10^n（n 为整数）。

2. 允许误差

电阻器的允许误差是指电阻器的实际阻值对于标称阻值的允许最大误差范围，它标志着电阻器的精度。普通电阻器的误差有 ±5%、±10%、±20% 三个等级，允许误差越小，电阻器的精度越高。精密电阻器的允许误差可分为 ±2%、±1%、±0.5%、…、±0.001% 等十几个等级。

3. 额定功率

电阻器通电工作时本身要发热，如果温度过高就会将电阻器烧毁。在规定的环境温度下，电阻器可以长期、稳定地工作，不会显著改变其性能，不会损坏的最大功率限值称为额定功率。

线绕电阻器的额定功率系列为（W）：1/20、1/8、1/4、1/2、1、2、4、8、12、16、25、40、50、75、100、150、250、500。

非线绕电阻器的额定功率系列为（W）：1/20、1/8、1/4、1/2、1、2、5、10、25、50、100。

4. 额定电压

额定电压是由阻值和额定功率换算出的电压。

5. 温度系数

温度系数是指温度每变化 1℃所引起阻值的相对变化。温度系数越小，电阻器的稳定性越好。阻值随温度升高而增大为正温度系数，反之为负温度系数。

4.1.6　电阻器的标注方法

由于受电阻器表面积的限制，通常只在电阻器外表面上标注电阻器的类别、标称阻值、精度等级、允许误差和额定功率等主要参数。常用的标注方法有以下几种。

1. 直接标注法（直标法）

把元件的主要参数直接印制在元件的表面上，这种方法主要用于功率比较大的电阻器。如电阻器表面上印有 RXYC-50-T-1k5±10%，其含义是耐潮、线绕可调电阻器，额定功率为 50W，阻值为 1.5kΩ，允许误差为±10%（若电阻器上未标注允许误差，则均为±20%）。电阻器直标法如图 4-4 所示。

图 4-4　电阻器直标法

2. 文字符号法

文字符号法是将电阻器的主要参数用数字和文字符号有规律地组合起来印制在电阻器表面上的一种方法。电阻器的允许误差也用文字符号表示，如表 4-3 所示。

表 4-3　文字符号及其对应的允许误差

文字符号	D	F	G	J	K	M
允许误差	±0.5%	±1%	±2%	±5%	±10%	±20%

其组合形式为：整数部分+阻值单位符号+小数部分+允许误差。

示例：4M7K——4.7MΩ±10%（K 为允许误差）。

随着电子元件的不断小型化，特别是表面安装元器件（SMC 和 SMD）的制造工艺不断进步，使得电阻器的体积越来越小，其元件表面上标注的文字符号也做出了相应的改革。一般仅用三位数字标注电阻器的数值，精度等级不再标注（一般小于±5%），具体规定如下。

（1）元件表面涂以黑颜色表示电阻器。

（2）电阻器的基本标注单位是 Ω，其数值大小用 3 位数字标注。

（3）对于 10 个基本标注单位以上的电阻器，前两位数字表示数值的有效数字，第 3 位数字表示数值的倍率。如 100 表示其阻值为 $10 \times 10^0 = 10\Omega$，223 表示其阻值为 $22 \times 10^3 = 22k\Omega$。

（4）对于 10 个基本标注单位以下的元件，第 1 位、第 3 位数字表示数值的有效数字，第 2 位用字母 "R" 表示小数点。如 3R9 表示其阻值为 3.9Ω。

3. 色标法

小功率电阻器使用最广泛的是色标法，就是将不同颜色的色环直接标注在电阻器表面的一种方法。色环颜色与数字的对应关系如表 4-4 和表 4-5 所示。

表 4-4　4 环标注法

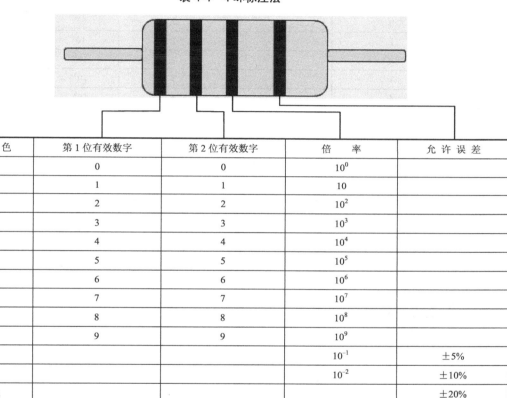

颜　　色	第 1 位有效数字	第 2 位有效数字	倍　　率	允 许 误 差
黑	0	0	10^0	
棕	1	1	10	
红	2	2	10^2	
橙	3	3	10^3	
黄	4	4	10^4	
绿	5	5	10^5	
蓝	6	6	10^6	
紫	7	7	10^7	
灰	8	8	10^8	
白	9	9	10^9	
金			10^{-1}	$\pm 5\%$
银			10^{-2}	$\pm 10\%$
无色				$\pm 20\%$

（1）普通电阻器大多用 4 个色环表示其阻值和允许偏差。第 1 环、第 2 环表示有效数字，第 3 环表示倍率（乘数），与前 3 环距离较大的第 4 环表示精度。

精密电阻器采用 5 个色环标志，第 1～3 环表示有效数字，第 4 环表示倍率，与前 4 环距离较大的第 5 环表示精度。

（2）色环电阻器的识别。要想准确、熟练地识别每个色环电阻器的阻值大小和允许误差大小，必须掌握以下几点。

① 熟记表中的色环与数字的对应关系。

② 找出色环电阻器的起始环。色环靠引出线端最近的一环为起始环（即第 1 环）。

③ 若是 4 环电阻器，只有 $\pm 5\%$、10%、$\pm 20\%$ 这 3 种允许误差，因此凡是有金色或银色环的便是尾环（即第 4 环）。

④ 5 环标注电阻器按上述方法识别。

表4-5　5环标注法

颜　　色	第1位有效数字	第2位有效数字	第3位有效数字	倍　　率	允 许 误 差
黑	0	0	0	10^0	
棕	1	1	1	10	$\pm1\%$
红	2	2	2	10^2	$\pm2\%$
橙	3	3	3	10^3	
黄	4	4	4	10^4	
绿	5	5	5	10^5	$\pm0.5\%$
蓝	6	6	6	10^6	$\pm0.25\%$
紫	7	7	7	10^7	$\pm0.1\%$
灰	8	8	8	10^8	
白	9	9	9	10^9	
金				10^{-1}	$\pm5\%$
银				10^{-2}	$\pm10\%$
无色					$\pm20\%$

色标法示例如图4-5所示。

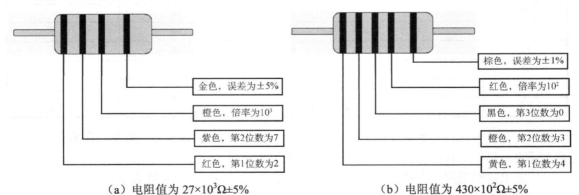

（a）电阻值为$27\times10^3\Omega\pm5\%$　　　　　（b）电阻值为$430\times10^2\Omega\pm5\%$

图4-5　色标法示例

4.1.7　电阻器阻值的测试

电阻器阻值的测试方法主要有万用表测试法，还有电桥测试法、RLC智能测试仪测试法等。
用万用表测量电阻器的方法如下。

（1）将万用表的挡位置于电阻挡，再将倍率置于R×1挡，然后把两支表笔金属棒短接，观察万用表的指针是否到0。如果调节欧姆调0旋钮后，指针仍然不能指到0位，则说明万用表内的电池电压不足，应更换电池。

（2）根据万用表使用方法规定，万用表的指针应尽可能指在标尺线（刻度不均匀分布）的中心部位，读数才准确。因此，应根据电阻器的阻值来选择合适的倍率挡，并且重新进行欧姆调 0，然后再测量。

（3）右手拿万用表的表笔，左手拿电阻器的中间（切不可用手同时拿捏表笔和电阻器的两个引脚，因为这样测量的是原电阻器与人体电阻并联的阻值，尤其是测量大电阻器时，会使测量误差增大）。测量电路中的阻值时要切段电路的电源，并且考虑电路中的其他元器件对阻值的影响。如果电路中接有电容器，还必须将电容器放电，以免万用表被烧坏。

4.2　电位器

电位器是一种阻值可以连续调节的电子元件，有 3 个引出端，阻值可按某种变化规律调节的电阻元件。电位器通常由电阻体和可移动的电刷组成。当电刷沿电阻体移动时，在输出端即获得与位移量成一定关系的电阻值或电压。电位器既可作为三端元件使用，也可作为二端元件使用，后者可视作一个可变电阻器。

4.2.1　电位器的图形符号

电位器在电路中用字母 Rp 表示，其图形符号如图 4-6 所示。

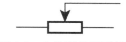

图 4-6　电位器的图形符号

4.2.2　电位器的分类

电位器的种类有很多，用途各不相同，通常可按其制作材料、结构特点、调节方式等进行分类。常见的电位器如图 4-7 所示。

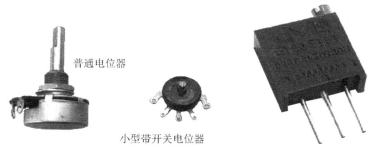

普通电位器

小型带开关电位器

图 4-7　常见的电位器

1. 按制作材料分类

根据不同的使用材料，电位器可分为线绕电位器和非线绕电位器两大类。

线绕电位器的额定功率大、噪声小、温度稳定性好、寿命长，其缺点是制作成本高、阻值范围小（100Ω～100kΩ）、分布电感和分布电容大。它在电子仪器中应用较多。

非线绕电位器的种类较多，有碳膜电位器、合成碳膜电位器、金属膜电位器、玻璃釉膜电位器、有机实心电位器等。它们的共同特点是阻值范围大、制作容易、分布电感和分布电容小，其缺点是噪声比线绕电位器大、额定功率小、寿命较短。这类电位器广泛应用于收音机、电视机、收录机等家用电器中。

2. 按结构特点分类

根据不同的结构，电位器又可分为单圈电位器、多圈电位器，以及单联、双联和多联电位器，还可分为带开关电位器、锁紧和非锁紧式电位器。

3. 按调节方式分类

根据不同的调节方式，电位器还可分为旋转式电位器和直滑式电位器两种类型。旋转式电位器的电阻体呈圆弧形，调节时滑动片在电阻体上做旋转运动。直滑式电位器的电阻体呈长条形，调整时滑动片在电阻体上做直线运动。

4.2.3 电位器的主要参数

电位器的参数有很多，主要参数有 3 项：标称阻值、额定功率和阻值变化规律。

1. 标称阻值

标在电位器上的名义总阻值称为标称阻值，其系列与电阻器的标称阻值系列相同。其允许误差范围为±20%、±10%、±5%、±2%、±1%，精密电阻器的允许误差可达到±0.1%。

2. 额定功率

额定功率是指电位器在交流或直流电路中，在规定环境温度下所能承受的最大允许功耗。非线绕电位器的额定功率系列为 0.05W、0.1W、0.25W、0.5W、1W、2W、3W。

3. 阻值变化规律

电位器的阻值变化规律是指阻值与滑动端触点旋转角度（或滑动行程）变化的关系。这种关系在理论上可以是任意函数形式，常用的有直线式、对数式和反转对数式（指数式），分别用 A、B、C 表示，如图 4-8 所示。

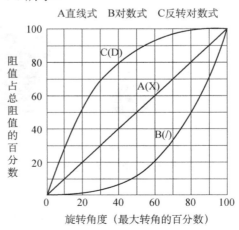

图 4-8 电位器的阻值变化规律

在使用中，直线式电位器适用于分压、偏流的调整；对数式电位器适用于音调控制和黑白电视机的对比度调整，指数式电位器适用于音量控制。

4.2.4 电位器的标注方法

电位器一般采用直标法，其类型、阻值、额定功率、误差都直接标注在电位器上，电位器的常用标注符号及意义如表4-6所示。

表4-6 电位器的常用标注符号及意义

符 号	意 义
WT	碳膜电位器
WH	合成碳膜电位器
WN	无机实心电位器
WX	线绕电位器
WS	有机实心电位器
WI	玻璃釉膜电位器
WJ	金属膜电位器
WY	氧化膜电位器

4.2.5 电位器的测试

根据电位器的标称阻值大小适当选择万能表"Ω"挡的挡位，测量电位器两个固定端的阻值是否与标称阻值相符。如果万能表的指针不动，则表明电阻体与其相应的引出端已断开；如果万用表指示的阻值比标称阻值大许多，则表明电位器已损坏。

测量滑动端与任意一个固定端之间的阻值变化情况。慢慢移动滑动端，如果万用表的指针移动平稳，没有跳动和跌落现象，则表明电位器的电阻体良好，滑动端接触可靠。

在测量滑动端和固定端之间的阻值变化时，开始的最小阻值越小越好，即零位电阻要小。对于WH型合成碳膜电位器，直线式电位器的标称阻值小于10kΩ的，零位电阻小于10kΩ；标称阻值大于10kΩ的，零位电阻小于50kΩ。对数式和指数式电位器其零位电阻小于50kΩ。当滑动端移动到极限位置时，阻值最大，该值与标称阻值一致。由此说明电位器的质量较好。

旋转转轴或移动滑动端时，应平滑且没有过紧、过松的感觉。电位器的引出端子和电阻体应接触牢靠，不能有松动的情况。

对于有开关的电位器，用万用表的"R×1"挡检测开关的接通和断开情况，阻值应分别为0Ω和无穷大。

4.2.6 电位器的使用

1. 如何选用电位器

电位器的种类有很多，在选用电位器时，不仅要根据电位器的要求选择适合的阻值和额定功率，还要考虑安装调节方便及价格。应根据不同的要求选择合适的电位器，说明如下。

（1）普通电子仪器：选用碳膜或合成实心电位器。

（2）大功率低频电路、高温：选用线绕或金属玻璃釉电位器。

（3）高精度：选用线绕、导电塑料或精密合成碳膜电位器。

（4）高分辨率：选用各类非线绕电位器或多圈式微调电位器。

（5）高频高稳定性：选用薄膜电位器。

（6）调定以后不再变动：选用轴端锁紧式电位器。

（7）多个电路同步调节：选用多联电位器。

（8）精密、微小量调节：选用有慢轴调节机构的微调电位器。

（9）电压要求均匀变化：选用直线式电位器。

（10）音调、音量电位器：选用对数式、指数式电位器。

2. 电位器使用注意事项

（1）电位器的电阻体大多采用多碳酸类的合成树脂制成，应避免与以下物品接触：氨水、其他胺类、碱水溶液、芳香族碳氢化合物、酮类、脂类的碳氢化合物、强烈化学品（强酸或强碱）等，否则会影响其性能。

（2）电位器的端子在焊接时应避免使用水溶性助焊剂，否则将助长金属氧化与材料发霉；避免使用劣质焊锡，焊锡不良可能造成上锡困难，导致接触不良或断路。电位器的端子在焊接时若焊接温度过高或时间过长可能导致电位器损坏。

（3）焊接时，松香（助焊剂）进入印刷机板的高度调整恰当，应避免助焊剂侵入电位器内部，否则将造成电刷与电阻体接触不良，产生杂声等不良现象。

（4）安装旋转式电位器时，固定螺母的强度不宜过大，以免破坏螺牙或导致转动不良等；安装铁壳直滑式电位器时，避免使用过长的螺钉，否则有可能妨碍滑柄的运动，甚至会直接损坏电位器。

（5）在电位器套上旋钮的过程中，所用推力不能过大（不能超过《规格书》中轴的推拉力的参数指标），否则可能造成电位器损坏。

（6）电位器表面应避免结露或有水滴存在，避免在潮湿的地方使用，以防止绝缘劣化或造成短路。

4.3 电容器

电容器，通常简称其容纳电荷的本领为电容，用字母 C 表示。电容器是电子设备中大量使用的电子元件之一，广泛应用于电路中的隔直通交、耦合、旁路、滤波、调谐回路、能量转换、控制等方面。

电容器存储电荷量的多少取决于电容器的电容量。电容量在数值上等于一个导电板上的电荷量与两块极板之间的电位差的比值，即

$$C = \frac{Q}{U}$$

式中，C 为电容量，单位为 F（法［拉］，简称法）；Q 为电极板上的电荷量，单位为 C（库［仑］，

简称库）；U 为两极板之间的电位差，单位为 V（伏［特］，简称伏）。

4.3.1　电容器的图形符号与单位

1. 电容器的图形符号

电容器在电路图中用字母 C 表示，常用的图形符号如图 4-9 所示。

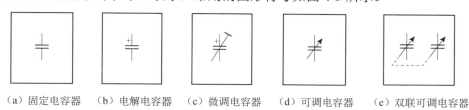

　（a）固定电容器　　（b）电解电容器　　（c）微调电容器　　（d）可调电容器　　（e）双联可调电容器

图 4-9　电容器的图形符号

2. 电容的基本单位

电容的最小单位为皮法，常用的单位有：法（F）、毫法（mF）、微法（μF）、纳法（nF）、皮法（pF）。换算关系为：

$$1F=10^3mF=10^6μF=10^9nF=10^{12}pF$$

4.3.2　电容器的分类

电容器的种类有很多，分类方法也各不相同。

1. 按结构分

电容器按结构分为三大类：固定电容器、可变电容器和微调电容器。

2. 按介质材料分

电容器按介质材料不同分为有机介质电容器、无机介质电容器、电解电容器和气体介质电容器等。

有机介质电容器有纸介电容器、聚苯乙烯电容器、聚丙烯电容器、涤纶电容器等。

无机介质电容器有云母电容器、玻璃釉电容器、陶瓷电容器等。

电解电容器有铝电解电容器、钽电解电容器等。

气体介质电容器有空气介质电容器、真空电容器。

3. 按用途分

电容器按用途分为高频旁路电容器、低频旁路电容器、滤波电容器、调谐电容器、高频耦合电容器、低频耦合电容器、小型电容器。

高频旁路电容器有陶瓷电容器、云母电容器、玻璃膜电容器、涤纶电容器、玻璃釉电容器。

低频旁路电容器有纸介电容器、陶瓷电容器、铝电解电容器、涤纶电容器。

滤波电容器有铝电解电容器、纸介电容器、复合纸介电容器、液体钽电容器。

调谐电容器有陶瓷电容器、云母电容器、玻璃膜电容器、聚苯乙烯电容器。

高频耦合电容器有陶瓷电容器、云母电容器、聚苯乙烯电容器。

低频耦合电容器有纸介电容器、陶瓷电容器、铝电解电容器、涤纶电容器、固体钽电容器。

小型电容器有金属化纸介电容器、陶瓷电容器、铝电解电容器、聚苯乙烯电容器、固体钽电容器、玻璃釉电容器、金属化涤纶电容器、聚丙烯电容器、云母电容器。

4.3.3　常用的电容器

常用的电容器如图 4-10 所示。

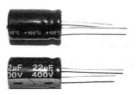

图 4-10　常用的电容器

1. 独石电容器

独石电容器（多层陶瓷电容器）在若干片陶瓷薄膜坯上被覆以电极浆材料，叠合后一次烧结成一块不可分割的整体，外面再用树脂包封而成小体积、大电容量、高可靠和耐高温的新型电容器。高介电常数的低频独石电容器也具有稳定的性能，体积极小，应用于滤波器、积分、振荡电路。

2. 纸介电容器

纸介电容器用两条铝箔作为电极，中间以厚度为 0.008～0.012mm 的电容器纸隔开重叠卷绕而成。其制造工艺简单，价格便宜，能得到较大的电容量。在低频电路中，通常不能在高于 3～4MHz 的频率上运用。油浸电容器的耐压比普通纸介电容器高，稳定性也好，适用于高压电路。

3. 陶瓷电容器

陶瓷电容器用高介电常数的电容器陶瓷（钛酸钡-氧化钛）挤压成圆管、圆片或圆盘作为介质，并用烧渗法将银镀在陶瓷上作为电极制成。它又分为高频瓷介和低频瓷介两种，具有小的正电容温度系数的电容器，用于高稳定振荡回路中，作为回路电容器及垫整电容器。低频瓷介电容器限于在工作频率较低的回路中作为旁路或隔直流用，或者用于对稳定性和损耗要求不高的场合（包括高频在内）。这种电容器不宜使用在脉冲电路中，因为它易于被脉冲电压击穿。高频瓷介电容器适用于高频电路。

4. 微调电容器

微调电容器的电容量可在某一小范围内调整，并且可在调整后固定于某个电容值。瓷介微调电容器的 Q 值高，体积也小，通常可分为圆管式及圆片式两种。云母和聚苯乙烯介质的电容器通常采用弹簧式，结构简单，但稳定性较差。线绕瓷介微调电容器是以拆铜丝（外电极）来改变电容量的，故电容量只能变小，不适合在需要反复调试的场合中使用。

5. 钽电解电容器

钽电解电容器用烧结的钽块作为正极，电解质使用固体二氧化锰，温度特性、频率特性和可靠性均优于普通电解电容器,特别是漏电流极小、储存性良好、寿命长、电容量误差小,而且体积小,单位体积下能得到最大的电容电压乘积。它对脉动电流的耐受能力差,若损坏易呈短路状态。

6. 电解电容器

电解电容器用浸有糊状电解质的吸水纸夹在两条铝箔中间卷绕而成,用薄的氧化膜作为介质的电容器。因为氧化膜有单向导电性质,所以电解电容器具有极性。其电容量大,能耐受大的脉动电流,电容量误差大,泄漏电流大。普通的电解电容器不适合在高频(大于 25kHz)和低温下使用,能在低频旁路、信号耦合、电源滤波电路中使用。

4.3.4 电容器的主要参数

表示电容器性能的参数有很多,这里介绍一些常用的参数。

1. 标称容量与允许误差

电容量是电容器最基本的参数。标在电容器外壳上的电容量数值称为标称容量,是标准化了的电容值,由标准系列规定。不同类型的电容器,其标称容量系列也不一样。当标称容量范围为 0.1～1μF 时,标称容量采用 E6 系列。对于有机薄膜、瓷介、玻璃釉、云母电容器而言,标称容量采用 E24、E12、E6 系列;对于电解电容器而言,标称容量采用 E6 系列。

标称容量与实际容量有一定的允许误差,允许误差用百分数或误差等级表示。允许误差为五级:±1%(00 级)、±2%(0 级)、±5%(Ⅰ级)、±10%(Ⅱ级)和±20%(Ⅲ级)。有的电解电容器的电容量误差范围较大,为-20%～+100%。

2. 额定工作电压(耐压)

电容器的额定工作电压是指电容器长期连续可靠工作时,极间电压不允许超过的规定电压值,一旦超过,电容器就会被击穿损坏。额定工作电压数值一般以直流电压形式在电容器上标出。

一般无极性电容器的标称耐压值比较高,有 63V、100V、60V、200V、400V、600V、1000V 等。有极性电容器的标称耐压值相对较低,有 4V、6.3V、10V、16V、25V、35V、50V、63V、80V、100V、220V、400V 等。

3. 绝缘电阻

电容器的绝缘电阻是指电容器两极间的电阻,又称漏电电阻。电容器中的介质并不是绝对的绝缘体,它的电阻不是无限大的,而是一个有限的数值,一般在 1000MΩ 以上。因此,电容器多少会有些漏电现象。除电解电容器外,一般电容器的漏电流是很小的。显然,电容器的漏电电流越大,绝缘电阻越小。当漏电流较大时,电容器发热,发热严重时会导致电容器损坏。在实际使用中,应选择绝缘电阻大的电容器。

4.3.5 电容器的标注方法

电容器的标注方法有:直标法、文字符号法、数码表示法、色标法。

1. 直标法

直标法就是将电容器的标称容量、耐压值等直接印在电容器表面，如"10μF10V"、"47μF25V"等。若是零点零几，常把整数位的"0"省去，如某电容".02μF"表示0.02μF。

另外，还有不标注电容量单位的直标法，它是用1～4位大于1的数字表示电容量，单位是皮法（pF）；用零点几的数字表示电容量的大小，其单位是微法（μF），如图4-11所示。

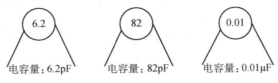

图4-11　直标法

2. 文字符号法

将电容器的电容量用数字和单位符号按一定规则进行标注的方法称为文字符号法。具体的方法是：电容量的整数部分+电容量的单位符号+电容量的小数部分。

电容量的单位符号为F（法）、m（毫法）、μ（微法）、n（纳法）、p（皮法）。

示例：18p表示电容量是18pF，5p6表示电容量是5.6pF，2n2表示电容量是2.2nF（2200pF），4m7表示电容量是4.7mF（4700μF）。

3. 数码表示法

数码表示法是指用3位数字表示电容量的大小，从左到右，第1位、第2位数字是电容量的有效数字，第3位表示前两位有效数字后面应加"0"的个数（此处若为数字9则是特例，表示10^{-1}），单位均为pF。

示例：103表示电容量为10000pF，331M表示电容量为330pF±20%，479K表示电容量为4.7pF±10%，685J表示电容量为6.8μF±5%。

4. 色标法

用3种色环表示电容量大小的标注方法称为色码标注法（色标法）。其颜色是黑、棕、红、橙、黄、绿、蓝、紫、灰、白，分别表示0～9的10个数字。

识别的方法：色环顺序自上而下，沿着引线方向排列；分别是第1、2、3道色环，第1、2道色环颜色表示电容量的两位有效数字，第3道色环颜色表示有效数字后加"0"的个数，电容的单位规定用pF。图4-12所示是电容器的色标法示例。

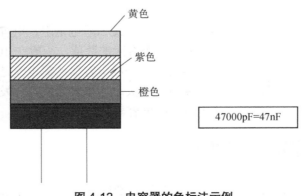

图4-12　电容器的色标法示例

4.3.6　电容器的测试

在使用电容器前要对其性能进行检查，检查它是否短路、断路、漏电、失效等。

1. 漏电测试

用万用表的 R×1k 或 R×10k 挡测量电容器时，除空气电容器外，指针一般回到∞位置附近，指针稳定时的读数为电容器的绝缘电阻，阻值越大，表明漏电越小。如果指针距离 0 位置很近，则表明漏电太大不能使用。有的电容器的漏电阻达∞位置后，又向 0 位置方向摆动，这表明漏电严重，也不能使用。

2. 短路和断路的测量

根据被测电容器的电容量选择万用表适当的欧姆挡来测量电容器是否断路。对于 0.01μF 以下的小电容器，指针偏转极小，不易看出，需用专门仪器测量。如果万用表的指针不偏转，调换表笔后仍不偏转，则表明被测电容器已经断路。

如果万用表的指针偏转到 0 位置（选择适当的欧姆挡，不要将充电现象误认为是断路）不再返回，则表明电容器已击穿短路。对于可变电容器，可将表笔分别接到定片和动片上，然后慢慢转动动片，如果电阻为 0Ω，则说明有碰片现象，可用工具消除碰片，以恢复正常，即阻值为无穷大。

3. 电容量的估测

用万用表的 R×1k 或 R×10k 挡估测电容器的电容量时，开始指针快速正偏一个角度，然后逐渐向∞位置方向退回。再互换表笔测量，指针偏转角度比上一次大，表示电容器的充放电过程正常。指针开始的偏转角度较大，回∞位置的速度越慢，表明电容量越大。与已知电容量的电容器进行测量比较，可以估测被测电容器的大小。注意，当对电容器的电容量进行第 2 次检测时，要先对电容器放电。对于 1000μF 以下的电容器，可直接短路放电。电容器电容量越大，放电时间越长。

4. 判别电解电容器的极性

因为电解电容器正反不同接法时的绝缘电阻相差较大，所以可用万用表的欧姆挡测电解电容器的漏电电阻，并记下该阻值，然后调换表笔再测一次，两次漏电阻中大的那次，黑表笔接电解电容器的正极，红表笔接电解电容器的负极。

4.3.7　电容器的使用

（1）在电容器使用前，应对电容器的质量进行检查，以防止不符合要求的电容器装入电路。

（2）在设计元件安装时，应使电容器远离热源，否则会使电容器温度过高而过早老化。在安装小电容量电容器及高频回路的电容器时，应采用支架将电容器托起，以减少分布电容对电路的影响。

（3）将电解电容器装入电路时，一定要注意它的极性不可接反，否则会造成漏电流大幅度上升，使电容器很快发热而损坏。

（4）焊接电容器的时间不易太长，因为焊接时间过长，热量会通过电极引脚传到电容器的内部介质上，从而使介质的性能发生变化。

（5）电解电容器经长期储存后需要使用时，不可直接加上额定电压，否则会有爆炸的危险。正确的使用方法是：先加较小的工作电压，再逐渐升高电压直至额定电压并在此电压下保持一个不太长的时间，然后再投入使用。

（6）在电路中安装电容器时，应使电容器的标志安装在易于观察的位置，以便核对和维修。

（7）电容器并联使用时，其总的电容量等于各电容量的总合，但应注意电容器并联后的工作电压不能超过其中最低的额定电压。

（8）电容器的串联可以增加耐压。如果两个电容量相同的电容器串联，其总耐压可以增加一倍；如果两个电容量不等的电容器串联，电容量小的电容器所承受的电压要高于电容量大的电容器。

（9）有极性的电解电容器不允许在负压下使用，若超过此规定，应选用无极性的电解电容器或将两个同样规格的电容器的负极相连，两个正极分别接在电路中，此时实际的电容量为两个电容器串联后的等效电容量。

（10）当电解电容器在较宽频带内作为滤波或旁路使用时，为了改变高频特性，可为电解电容器并联一个小电容量的电容器，它可以起到旁路电解电容器的作用。

4.4　电感器

电感器又称电感线圈，是利用自感作用的元件，在电路中起调谐、振荡、滤波、阻波、延迟、补偿等作用。

变压器是利用多个电感线圈产生互感作用的元件。变压器实质上是电感器，它在电路中常起变压、耦合、匹配、选频等作用。

4.4.1　电感器的分类

电感器一般用线圈做成。为了增加电感量 L、提高品质因素 Q 和减小体积，通常在线圈中加软磁性材料的铁芯。

电感器可分为固定式、可变式和微调式 3 种。

可变式电感器的电感量可利用磁芯在线圈内移动而在较大的范围内调节。它与固定电容器配合应用于谐振电路中，起调谐作用。电感器的符号如图 4-13 所示。

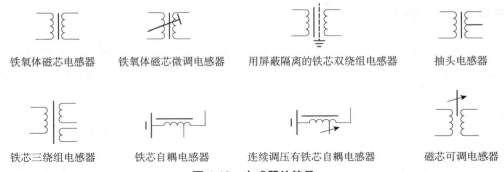

铁氧体磁芯电感器　　铁氧体磁芯微调电感器　　用屏蔽隔离的铁芯双绕组电感器　　抽头电感器

铁芯三绕组电感器　　铁芯自耦电感器　　连续调压有铁芯自耦电感器　　磁芯可调电感器

图 4-13　电感器的符号

微调式电感器可以满足整机调试的需要和补偿电位器生产中的分散性，一次调好后，一般不再变动。

此外，还有一些小型电感器，如色码电感器、平面电感器和集成电感器，可以满足电子设备小型化的需要。

4.4.2　电感器的主要性能指标

1. 标称电感量

标称电感量是反映电感线圈自感应能力的物理量，电感量的大小与线圈的形状、结构和材料有关。实际的电感量常用单位是"mH""μH"。它们之间的关系为：

$$1H=10^3 mH=10^6 \mu H$$

电感器一般有直标法和色标法，色标法与电阻器类似。如棕、黑、金、金表示 1μH（误差 5%）的电感器。电感量的大小主要取决于线圈的直径、匝数及有无铁磁芯等。电感线圈的用途不同，所需的电感量也不同。如在高频电路中，线圈的电感量一般为 0.1μH～10mH。

2. 品质因数

品质因数是指电感器在某一频率的交流电压下工作时，所呈现的感抗与其等效损耗电阻之比。电感器的 Q 值越高，其损耗越小，效率越高。一般要求 Q 值为 50～300，即

$$Q=\frac{\omega L}{R}$$

式中，ω 为工作角的频率；L 为线圈电感量；R 为线圈的等效损耗电阻。

3. 固有电容

电感线圈的分布电容是指线圈的匝数之间形成的电容效应。线圈绕组匝与匝之间存在着分布电容，多层绕组层与层之间也存在着分布电容。这些分布电容可以等效成一个与线圈并联的电容器 C，实际上是由 L、R 和 C 组成的并联谐振电路。

4. 额定电流

额定电流是指电感器正常工作时，允许通过的最大电流。若工作电流大于额定电流，则电感器会因发热而改变参数，严重时会被烧毁。

4.3.3　电感器选用常识

（1）在任意选择电感器时一定要注意使用的频率范围。铁芯线圈只能用于低频电路；一般铁氧体线圈、空心线圈可用于高频线路。除知道其电感量外，不能忽略它的直流电阻值。

（2）线圈是磁感应元器件，它会对周围的电感性元器件产生影响。在使用时应注意它们相互之间的位置，并尽量消除其影响。

4.5　半导体器件

半导体是一种导电性能介于导体与绝缘体之间，或者说电阻率介于导体与绝缘体之间的

物质。常用的半导体材料有硅、锗、砷化镓等。半导体中存在两种载流子：带负电荷的自由电子和带正电荷的空穴。半导体虽然有这两种载流子，但在常温下其数量极少，因此导电能力很差。如果在其中渗入微量杂质元素，就能增强其导电性能。根据渗入杂质的不同，半导体分为两类：N 型半导体（在四价元素硅或锗中掺入少量五价元素，如磷元素）和 P 型半导体（在四价元素硅或锗中掺入少量三价元素，如硼元素）。

半导体器件主要有半导体二极管、半导体三极管、场效应管、可控硅（晶闸管）几种。

4.5.1 半导体器件型号的命名方法

1. 国产半导体器件型号命名

半导体器件的型号由五部分组成。

（1）用阿拉伯数字表示器件的电极数。

（2）用汉语拼音字母表示器件的材料和极性。

（3）用汉语拼音字母表示器件的类型。

（4）用阿拉伯数字表示序号。

（5）用汉语拼音字母表示规格号。

注意：

场效应器件、半导体特殊器件、复合管、PIN 型管、激光器件的型号命名只有（3）、（4）、（5）部分。

2. 组成部分的符号及其意义

国产半导体器件命名方法如表 4-7 所示，表中只详细介绍了第（2）、（3）部分的意义。

表 4-7　国产半导体器件命名方法

第（2）部分		第（3）部分					
符号	意义	符号	意义	符号	意义	符号	意义
A	N 型，锗材料	P	普通管	K	开关管	T	闸流管（可控硅）
B	P 型，锗材料	V	微波管	Y	体效应器件	A	高频率大功率（f_a>3MHz，P_c>1W）
C	N 型，硅材料	W	稳压管	B	雪崩管		
D	P 型，硅材料	C	参量管	J	阶跃恢复管	D	低频率大功率管（f_a<3MHz，P_c>1W）
A	PNP 型，锗材料	Z	整流管	CS	场效应器件		
B	NPN 型，锗材料	L	整流堆	BT	半导体特殊器件	G	高频率小功率（f_a>3MHz，P_c<1W）
C	PNP 型，硅材料	S	隧道管	PIN	PIN 管		
D	NPN 型，硅材料	N	阻尼管	FH	复合管	X	低频小功率管（f_a<3MHz，P_c<1W）
E	化合物材料	U	光电管	JC	激光管		

4.5.2 二极管的识别与测试

1. 常见二极管及电路符号

常见二极管及电路符号如图 4-14 所示。

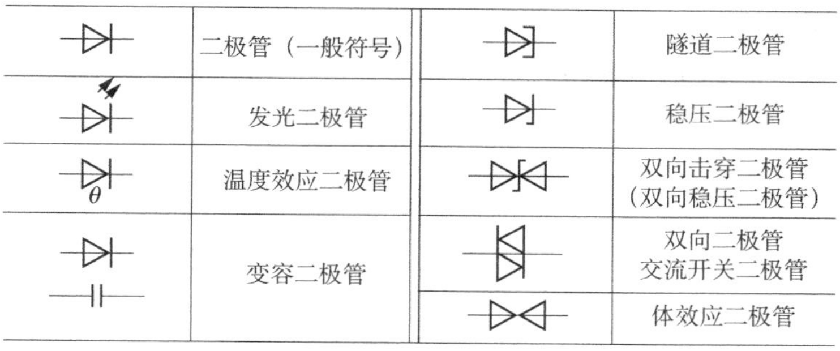

符号	名称	符号	名称
▷⊢	二极管（一般符号）	▷⊣	隧道二极管
▷⊢（发光箭头）	发光二极管	▷⊣	稳压二极管
▷⊢ θ	温度效应二极管	▷◁	双向击穿二极管（双向稳压二极管）
▷⊢（变容符号）	变容二极管	区	双向二极管交流开关二极管
		▷◁	体效应二极管

图 4-14　常见二极管及电路符号

2. 普通二极管的识别与简单测试

普通二极管一般分为玻璃封装和塑料封装两种，它们的外壳上都印有型号和标记。标记箭头的指向为 N 极。有的二极管只有色点，有色点的一端为 P 极。

晶体二极管由一个 PN 结组成，具有单向导电性，其正向阻值小（一般为几百欧）而反向阻值大（一般为几十千欧至几百千欧），可利用此特性进行判别。

（1）引脚极性判别。将指针式万用表的欧姆挡拨到 R×100（或 R×1k）上，把二极管的两只引脚分别接到万用表的两支测试笔上，如果测出的阻值较小（几百欧），那么与万用表黑表笔相接的一端是正极，另一端就是负极。相反，如果测出的阻值较大（几百千欧），那么与万用表黑表笔相接的一端是负极，另一端就是正极。

（2）判别二极管质量的好坏。一个二极管的正、负向阻值差别越大，其性能就越好。如果双向阻值都较小，则说明二极管质量差，不能使用；如果双向阻值都为无穷大，则说明二极管已经断路；如果双向阻值均为 0Ω，则说明二极管已被击穿。

利用数字式万用表的二极管测试挡也可判别正、负极性，此时，红表笔（插在"VΩ"插孔）带正电，黑表笔（插在"COM"插孔）带负电。用两支表笔分别接触二极管两个电极，若显示值在 1V 以下，则说明二极管处于正向导通状态，红表笔接的是正极，黑表笔接的是负极；若显示溢出符号"1"，则表明二极管处于反向截止状态，黑表笔接的是正极，红表笔接的是负极。用数字式万用表测试二极管时，红表笔接二极管的正极，黑表笔接二极管的负极，此时测得的阻值才是二极管的正向导通阻值，这与指针式万用表表笔接法相反。

3. 半导体二极管的选用

小功率、锗二极管的正向阻值为 300～500Ω，硅二极管为 1kΩ 或更大。锗二极管反向阻值为几十千欧，硅二极管反向阻值在 500kΩ 以上（大功率二极管的数值要大得多）。正、反向阻值差越大越好。

点接触二极管的工作频率高，不能承受较高的电压和通过较大的电流，多用于检波、小电流整流或高频开关电路。面接触二极管的工作电流和能承受的功率都较大，但适用的频率较低，多用于整流、稳压、低频开关电路等。

选用整流二极管时，既要考虑正向电压，也要考虑反向饱和电流和最大反向电压。选用检波二极管时，要求工作频率高，正向阻值小，以保证较高的工作效率，并且特性曲线要好，避免引起过大的失真。

4. 特殊二极管的识别与简单测试

（1）发光二极管（LED）。

发光二极管在日常生活电器中无处不在，它能够发光，有红色、绿色和黄色等，有直径为 3mm 或 5mm 圆形的，也有规格为 2mm×5mm 长方形的。与普通二极管一样，发光二极管也是由半导体材料制成的，也具有单向导电的性质，即只有极性正确才能发光。

发光二极管的发光颜色一般和它本身的颜色相同，但近年来出现了透明的发光二极管，它也能发出红、黄、绿等颜色的光，只有通电了才能知道。辨别发光二极管正负极的方法有实验法和目测法。实验法就是通电看看能不能发光，若不能就是极性接错或发光二极管损坏。

发光二极管是一种电流型器件，虽然在它的两端直接接上 3V 的电压后能够发光，但容易损坏，在实际使用中一定要串接限流电阻，工作电流根据型号不同一般为 2～20mA。另外，由于发光二极管的导通电压一般为 1.5～3V，所以一节 1.5V 的电池不能点亮发光二极管。同理，一般万用表的 R×1 挡到 R×1k 挡均不能测试发光二极管，而 R×10k 挡由于使用 15V 的电池，能够把有的发光二极管点亮。用眼睛来观察发光二极管，可以发现内部的两个电极一大一小。一般来说，电极较小的是发光二极管的正极，电极较大的是它的负极。若是新买的发光二极管，引脚较长的一端是正极。

限流电阻值 R 可用下式计算，即

$$R = \frac{E - U_f}{I_f}$$

式中，E 为电源电压；U_f 为 LED 的正向压降；I_f 为 LED 的一般工作电流。

若与 TTL 组件相连使用时，一般需要串接一个 470Ω 的电阻，以防器件损坏。

（2）Z312 半导体光敏器件：光敏二极管。

光敏二极管又称光电二极管，它有 4 种类型：PN 结型、PIN 结型、雪崩型和肖特基结型。下面简单介绍 PN 结型光敏二极管。

PN 结型光敏二极管同普通二极管一样，也是 PN 结构造，只是结面积较大，结深度较浅，管壳上有光窗，从而使入射光容易注入 PN 结的耗尽区中进行光电转换，大的结面积增加了有效光面积，提高了光电转换效率。

在无光照射时，光敏二极管的伏安特性和普通二极管一样，此时的反向饱和电流称暗电流，一般在几微安到几百微安之间，其值随反向偏压的增大和环境温度的升高而增大。在检测弱光电信号时，必须考虑用暗电流小的管子。

在有光照射时，光敏二极管在一定的反偏电压范围内（$U_R \geq 5V$），其反向电流将随光照强度（$10^{-3}\sim10^3$ lx 范围内）的增加而线性增加，这时的反向电流又称光电流。因此，对应一定的光照强度，光敏二极管相当于一个恒流源。在有光照而无外加电压时，光敏二极管相当于一个电池，P 区为正，N 区为负。光敏二极管有一定光谱响应范围，并且对某波长的光有最高的响应灵敏度（峰值波长）。因此，为获取最大的光电流，应选择光谱响应特性符合待测光谱的光敏二极管，同时加大照度和调整入射角度。光敏二极管的响应时间一般小于几百微秒，主要取决于结电容和外部电路电阻的乘积。

4.5.3　三极管的识别与简单测试

半导体三极管也称晶体三极管，是内部含有两个 PN 结、外部具有三个电极的半导体器件。两个 PN 结共用的一个电极为三极管的基极（用字母 B 表示），其他的两个电极为集电极

（用字母 C 表示）和发射级（用字母 E 表示）。半导体三极管在一定条件下具有"放大"作用，被广泛应用于收音机、录音机、电视机等各种电子设备。

1. 半导体三极管的分类

（1）按使用的半导体材料分为锗三极管和硅三极管两类。国产锗三极管多为 PNP 型，硅三极管多为 NPN 型。

（2）按制作工艺不同分为扩散三极管、合金三极管等。

（3）按功率分为小功率三极管、中功率三极管和大功率三极管。

（4）按工作频率分为低频三极管、高频三极管和超高频三极管。

（5）按用途分为放大三极管和开关三极管等。

（6）按结构分为点接触型和面接触型三极管。

另外，在每种三极管中，又有多种型号，以区别其性能。在电子设备中，比较常用的是小功率的硅三极管和锗三极管。常用三极管的外形及电路符号如图 4-15 所示。

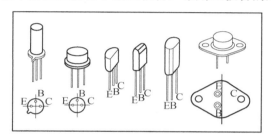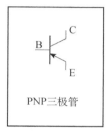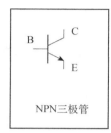

图 4-15　常用三极管的外形及电路符号

2. 三极管的管型与电极判别

管型判别是指判别三极管是 PNP 型还是 NPN 型，是硅三极管还是锗三极管，是高频三极管还是低频三极管；电极判别则是指分辨出三极管的发射极（E）、基极（B）、集电极（C）。

（1）用万用表判别 PNP 型、NPN 型。

对于 PNP 型三极管而言，C 极、E 极分别为其内部两个 PN 结的正极，B 极为两个 PN 结的正极；对于 NPN 型三极管而言，情况相反，C 极、E 极分别为两个 PN 结的负极，而 B 极则为它们共同的正极。显然，根据这点可以很方便地进行管型判别，具体方法如下。将万用表拨在 R×100 或在 R×1k 挡上，红表笔任意接触三极管的一个电极，黑表笔依次接触另外两个电极，分别测量它们之间的阻值，当红表笔接触某个电极时，其余两个电极与该电极之间均为几百欧的低阻值则该管为 PNP 型，而且红表笔所接触的电极为 B 极；若以黑表笔为基准，即将两支表笔对调后，重复上述测量方法，若同时出现有阻值的情况则该管为 NPN 型，黑表笔所接触的电极是它的 B 极。

另外，根据三极管的外形也可粗略识别它们的管型。目前，市场中小功率 NPN 型三极管的管壳高度比 PNP 型的低得多，塑封小功率三极管也大多为 NPN 型。

（2）发射极和集电极的判别。

根据上面的测量已确定 B 极，且为 NPN（PNP）型，再使用万用表 R×1k 挡进行测量。假设一极为 C 极接黑（红）表笔，另一极为 E 极接红（黑）表笔，用手指捏住假设 C 极和 B 极（C 极和 B 极不能相碰），读出其阻值 R_1，然后再假设另一极为 C 极，重复上述操作（捏住 B 极、E 极的力度要相同），读出阻值 R_2。比较 R_1、R_2 的大小，以值小的一次为假设正确，黑（红）表笔对应 C 极。

3. 三极管质量判别

三极管质量判别可通过检测以下 3 点来判断，只要有一点不能达到要求，三极管就是坏的。

（1）判断 BE、BC 两个 PN 结的好坏，可参考普通二极管好坏的判别方法（注意要用万用表 R×100 或 R×1k 挡测量）。

（2）测量 CE 漏电电阻，NPN（PNP）型三极管可用黑（红）表笔接 C 极，红（黑）表笔接 E 极，B 极悬空，R_{CE} 值越大越好。一般对锗三极管的要求较低，在低压电路上大于 50kΩ 可使用，但对于硅管来说要大于 500kΩ 才可使用，通常测量硅三极管 R_{CE} 值时，万用表指针都指向 ∞。

（3）检测三极管有没有放大能力。判断 C 极时，观察万用表指针捏住 C 极、B 极前后的变化，即可知道该管有没有放大能力。若指针变化大则说明该管 β 值较高，若指针变化不大则说明该管 β 较小。一般三极管 β 值在 50～150 为最佳。β 值也可以用万用表 β 挡来测量。

判断三极管好坏时必须先检测出 B、E、C 极，若用三极管极性判别方法判别不出 B、E、C 极，则说明该管可能已损坏，或者是其他的晶体管。

4.5.4 场效应管

场效应三极管简称场效应管，也是由半导体材料制成的。与普通双极型三极管相比，场效应管具有很多特点。普通双极型三极管是电流控制器件，通过控制基极电流达到控制集电极或发射极电流的目的。而场效应管是电压控制器件，它的输出电流取决于输入信号电压的大小，即场效应管输出漏极电流受控于栅极、源极之间的电压。场效应管栅极的输入阻值很高，可达 10^9～10^{12}Ω，对栅极施加电压时，栅极几乎没有电流，这是普通双极型三极管无法相比的。场效应管还具有噪声低、热稳定性好、抗辐射能力强、动态范围大等特点，其应用范围广泛。

场效应管的 3 个电极分别为漏极（D）、源极（S）、栅极（G），也可类比为双极型三极管的 E、C、B 三极。场效应管的漏极（D）、源极（S）能互相使用。

场效应管可分为结型场效应管和绝缘栅型场效应管两大类型，如图 4-16 所示。

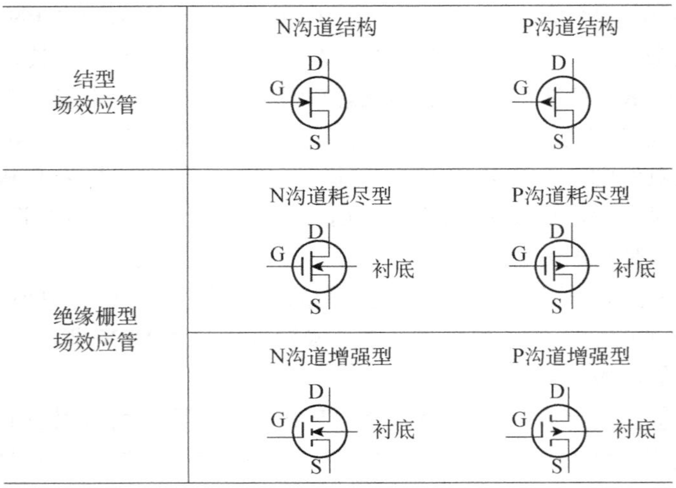

图 4-16　场效应管的分类

1. 结型场效应管

结型场效应管有两种结构形式，它们是 N 沟道和 P 沟道。结型场效应管也有 3 个电极，它们是栅极、漏极、源极。电路符号中栅极的箭头方向可理解为两个 PN 结的正向导电方向。结型场效应管的工作原理（以 N 沟道结型场效应管为例）如下。由于 PN 结中的载流子已经耗尽，故 PN 结基本上是不导电的，形成了所谓的耗尽区，当漏极电源电压 E_D 一定时，如果栅极电压是负电压，并且越小，PN 结交界面所形成的耗尽区就越厚，则漏极、源极之间导电的沟道越窄，漏极电流 I_D 就越小；反之，如果栅极电压没有那么小，则沟道变宽，I_D 变大，所以用栅极电压 E_G 可以控制漏极电流 I_D 的变化，也就是说，场效应管是电压控制器件。

2. 绝缘栅型场效应管

绝缘栅型场效应管的分类：绝缘栅型场效应管也有两种结构形式，它们是 N 沟道和 P 沟道。无论是什么沟道，它们又分为增强型和耗尽型两种。由金属、氧化物和半导体组成，所以又称为金属—氧化物—半导体场效应管，简称 MOS 场效应管。

绝缘栅型场效应管的工作原理（以 N 沟道增强型 MOS 场效应管为例）如下。它利用 U_{GS} 来控制"感应电荷"的多少，以改变由这些"感应电荷"形成的导电沟道的状况，然后达到控制漏极电流的目的。在制造管子时，通过工艺使绝缘层中出现大量正离子，故在交界面的另一侧能感应出较多的负电荷，这些负电荷把高渗杂质的 N 区接通，形成了导电沟道，即使在 $V_{GS}=0$ 时也有较大的漏极电流 I_D。当栅极电压改变时，沟道内被感应的电荷量也改变，导电沟道的宽度也随之改变，因此漏极电流 I_D 随着栅极电压的变化而变化。

场效应管的工作方式有两种：当栅极电压为 0V 时有较大漏极电流的称为耗尽型；栅极电压为 0V、漏极电流为 0A，加一定的栅极电压后有漏极电流的称为增强型。

3. 结型场效应管的电极判别

根据场效应管的 PN 结正、反向阻值不一样的现象，可以判别结型场效应管的 3 个电极，具体方法如下。将万用表拨在 R×1k 挡上，任选两个电极，分别测出其正、反向阻值。当某两个电极的正、反向阻值相等，且为几千欧时，则该两个电极分别是漏极 D 和源极 S。因为对于结型场效应管而言，漏极和源极可互换，剩下的电极肯定是栅极 G。也可以将万用表的黑表笔（红表笔也可以）接触任意一个电极，另一支表笔依次接触其余的两个电极，测其阻值。当出现两次测得的阻值近似相等时，则黑表笔所接触的电极为栅极，其余两个电极分别为漏极和源极。若两次测出的阻值均很大，则说明是 PN 结的反向，即都是反向电阻，可以判定它是 N 沟道场效应管，且黑表笔接的是栅极；若两次测出的阻值均很小，则说明是正向 PN 结，即是正向电阻，可以判定它是 P 沟道场效应管，黑表笔接的也是栅极。若不出现上述情况，则可以调换黑、红表笔后，按上述方法进行测试，直到判别出栅极为止。

4. 场效应管的使用注意事项

（1）为了安全使用场效应管，在电路的设计中不能超过该管的耗散功率、最大漏极电压、最大栅极电压和最大电流等参数的极限值。

（2）各类型场效应管在使用时，严格按要求的偏置接入电路中，要遵守场效应管偏置的极性。如结型场效应管栅极、源极、漏极之间是 PN 结，N 沟道管栅极不能加正偏压；P 沟道管栅极不能加负偏压。

（3）由于 MOS 场效应管输入阻抗极高，所以在运输、储藏中必须将引脚短路，要用金属屏蔽包装，以防止外来感应电动势将栅极击穿。尤其要注意，不能将 MOS 场效应管放入塑料盒内，保存时最好放在金属盒内，同时也要注意防潮。

（4）为了防止场效应管栅极感应击穿，要求测试仪器、工作台、电烙铁、电路本身都必须有良好的接地；引脚在焊接时，先焊源极；在连入电路之前，管子的全部引线端，应保持互相短接状态，焊接完成后再把短接材料去掉。

（5）结型场效应管的栅源电压不能接反，可以在开路状态下保存，而绝缘栅型场效应管在不使用时，由于它的输入电阻非常高，必须将各电极短路，以免受到外电场作用而使管子损坏。

（6）焊接时，电烙铁外壳必须装有外接地线，以防止由于电烙铁带电而损坏管子。对于少量焊接，也可以将电烙铁烧热后拔下插头或切断电源后焊接。特别是在焊接绝缘栅型场效应管时，要按源极－漏极－栅极的先后顺序焊接，并且要断电焊接。

4.6 集成电路

集成电路（Integrated Circuit，IC）是一种微型电子器件或部件。它采用一定的工艺，把一个电路中所需的晶体管、电阻、电容和电感等元件及布线集成在一起，制作在一小块或几小块半导体晶片或介质基片上，然后封装在一个管壳内，成为具有所需电路功能的微型结构。其中，所有元件在结构上已组成一个整体，使电子元件向着微小型化、低功耗、智能化和高可靠性方面迈进了一大步。它是经过氧化、光刻、扩散、外延等半导体制造工艺，把构成具有一定功能的电路所需的半导体、电阻、电容等元件及它们之间的连接导线全部集成在一小块硅片上，然后焊接封装在一个管壳内的电子器件。其封装外壳有圆壳式、扁平式或双列直插式等多种形式。

4.6.1 集成电路的型号与命名

由于集成电路的发展十分迅速，特别是中、大规模集成电路的发展，使得各种功能的通用、专用集成电路大量涌现。国外各大公司生产的集成电路在推出时已经自成系列，但除表示公司标志的电路型号字头有所不同外，其他部分基本一致。大部分数字序号相同的器件，功能差别不大，可以相互替换。因此，在使用国外的集成电路时，应查阅手册或有关产品型号对应表，以便正确选用器件。

根据国家标准的规定，国产集成电路的型号命名由 5 部分组成，如表 4-8 所示。

第 0 部分：用字母表示符合国家标准，C 表示中国制造。

第 1 部分：用字母表示器件类型。

第 2 部分：用阿拉伯数字表示器件的系列代号。

第 3 部分：用字母表示器件的工作温度。

第 4 部分：用字母表示器件的封装形式。

表 4-8　国产集成电路的型号命名

第 0 部分		第 1 部分		第 2 部分		第 3 部分		第 4 部分	
符号	意义	符号	意义	符号	意义	符号	温度范围/℃	符号	意义
C	中国制造	T	TTL	与国际同品种保持一致		C	0～70	W	陶瓷扁平
		H	HTL			E	−40～85	B	塑料扁平
		E	ECL			R	−55～85	F	全密封扁平
		C	CMOS			M	−55～125	D	陶瓷直播
		F	线性放大器					P	塑料直播
		D	音箱、电视电路					J	黑陶瓷扁平
		W	稳压器					K	金属菱形
		J	接口电路					Y	金属圆壳
		B	非线性电路						
		M	存储器						
		U	微型电路						

命名示例如下。

（1）肖特基 TTL 双四输入与非门：CT3020ED。

C——符合国家标准（第 0 部分）

T——TTL 电路（第 1 部分）

3020——肖特基系列双四输入与非门（第 2 部分）

E——　−40～85℃（第 3 部分）

D——陶瓷直播（第 4 部分）

（2）CMOS 8 选 1 数据选择器：CC14512MF。

C——符合国家标准（第 0 部分）

C——CMOS 电路（第 1 部分）

14512——8 选 1 数据选择器（第 2 部分）

M——　−55～125℃（第 3 部分）

F——全密封扁平（第 4 部分）

4.6.2　集成电路的引脚排列识别

1. 双列直插式集成电路

双列直插式集成电路的识别标记多为圆形凹口，有的用金属封装标记或凹坑标记。这类集成电路引脚排列方式也从标记开始，圆形凹口下方左起的第 1 引脚为该集成电路的第 1 引脚，以这个引脚开始沿逆时针方向依次为 1、2、3 等，如图 4-17 所示。

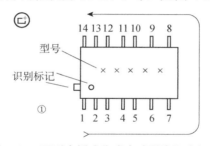

图 4-17　双列直插式集成电路引脚顺序识别

2. 单列直插式集成电路

单列直插式集成电路的识别标记，有的用倒角，有的用凹坑。这类集成电路引脚的排列方式也从该标记开始，从左向右依次为 1、2、3 等，如图 4-18 所示。

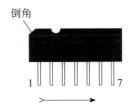

图 4-18　单列直插式集成电路引脚顺序识别

3. QFP 封装集成电路

QFP 封装集成电路为了识别引脚，一般在端面一侧用倒角或在封装表面上用凹口作为标记。其引脚排列方式是：从标记开始，沿逆时针方向依次为 1、2、3 等，如图 4-19 所示。

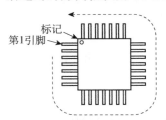

图 4-19　QFP 封装集成电路引脚顺序识别

4.6.3　集成电路的检测

1. 电阻法（电阻法测量有两种）

通过测量单块集成电路各引脚对地正、反向电阻，与参考资料或另一块好的集成电路进行比较，从而做出判断（注意，必须使用同一块万用表和同一挡位进行测量，这样结果才准确）。

在没有对比资料的情况下，只能使用间接电阻法测量，即在印制板上通过测量集成电路引脚外围元件的好坏（电阻、电容、晶体管在印制板上测量的方法已讲述）来判断，若外围元件没有损坏，集成电路就有可能已损坏。

2. 电压法

测量集成电路引脚对地的动态、静态电压，与电路图或其他资料所提供的参考电压进行比较，若发现某些引脚电压有较大的差别，其外围元件又没有损坏，则集成电路有可能已损坏。

3. 波形法

测量集成电路各引脚波形是否与原设计相符，若发现有较大差别，其外围元件又没有损坏，则集成电路有可能已损坏。

4. 替换法

用相同型号的集成电路替换进行实验，若电路恢复正常，则原集成电路已损坏。

4.6.4　集成电路替换方法

（1）用型号完全相同的集成电路进行替换。

（2）用具有相同功能的集成电路代用。具有相同功能且后面数字又相同的集成电路一般可互换。例如，TA7240 国产仿制品有 CD7240，又如 NE555、HA555、LM555 等都是可以互换的，但有些集成电路后面的数字虽然相同，但它们的功能截然不同，这些集成电路是不可互换的，如 TA7680 为彩色电视机中放集成电路，而 LA7680 是彩色电视机单片集成。

（3）同一个厂家对同一功能在不同时期所产生的改进型产品可作为单方向性替换，即可用改进型集成电路代替旧型号集成电路。例如，TD2030A 可代替 TDA2030，又如日立公司伴音中放集成电路 HA1124、HA1125、HA1184 等，都可作为单方向性替换。

4.7　电声器件

电声器件是指能将音频信号转换成声音信号或将声音信号转换成音频信号的器件。例如，扬声器就是将音频信号转变成声音信号的电声器件；传声器则是把声音信号转变成音频信号的电声器件。电唱机的电唱头、耳机、蜂鸣器、讯响器等也属于电声器件。

4.7.1　传声器

传声器是将声能转变成电信号的器件，常见传声器有电磁式动圈话筒、驻极体话筒、压电陶瓷片等。

1. 动圈话筒

动圈话筒的音圈在磁场中随着声音振动而感应出音频电流。它的频响特性好，噪声和失真都较少，是一种在录音、演讲、娱乐中广泛使用的传声器。它的音圈电阻只有几十欧，有时则需要在话筒中内置匹配变压器，使之与电路阻抗匹配。若音圈阻值已在几百欧以上，则常把变压器省去，直接输出。

2. 驻极体话筒

驻极体话筒的驻极体把声音变成电信号再由场效应管放大输出；其中三脚驻极体话筒用作电流放大输出，它的特点是噪声小、音频宽；两脚驻极体话筒用作电压放大输出，它的特点是灵敏度高，但噪声大。由于这两种话筒体积小、灵敏度高，常用于收录机上机内咪头或制作各种小型无线话筒。检测驻极体话筒好坏时可用万用表 R×1k 挡来测量，黑表笔接 D 极，红表笔接地（三脚驻极体话筒要同时接触 S 极和地），然后对着话筒吹气，指针随之摆动即为好话筒，摆动幅度越大，其灵敏度越高。

3. 压电陶瓷片

压电陶瓷片又称蜂鸣器，它是由两块圆形金属片及之间的压电陶瓷片构成的。当压电陶瓷片两边有声音时，两片金属片在压电陶瓷片的作用下，会产生音频电压。反过来，当在两片金属片之间加入音频电压时，压电陶瓷片又能发出声音。由于压电陶瓷片体积小，且音频较窄，偏向高频，作为传声器使用时常用于各种声控电路，作为扬声器使用时常用于电话、门铃、报警器电路中的发声器件，也可用作收录机的高频扬声器。

4.7.2　扬声器

扬声器是把音频电信号转变为声信号的换能器件，扬声器的种类有很多，按其换能原理可分为气动式、压电式、电磁式和电动式等。

1. 气动式扬声器

它的频响单一、结构简单，某种汽车或船舶上使用这种扬声器。

2. 压电式扬声器

压电式扬声器也称蜂鸣器，之前已叙述。

3. 电磁式扬声器

由于其频响较窄，现在的使用率已很低。其中有一种电容式扬声器与电磁式扬声器的原理类似，尤其在高频段性能出色，瞬态失真和谐波失真都很小，但使用中要用直流高压电极，限制了它的普及，只能在一些高档的音箱中才能见到。

4. 电动式扬声器

它的频响宽、结构简单、经济，是使用广泛的一种扬声器。电动式扬声器又分为号筒式、组合式、纸盆式（有些扬声器已用其他材料代替了纸盆）等。

（1）号筒式扬声器。

它的电声转换率高，但低频响应差，常在大型语言广播中使用，也用于制作高性能高频扬声器，由于其功率大，常与大功率低频扬声器组合成大功率的音箱。

（2）组合式扬声器。

由于单个扬声器实现全频段（20Hz～20kHz）发声较为困难，从而出现了组合式扬声器，即在一个低频扬声器的上方再固定一个高频扬声器，实现全频段发声。组合式扬声器还有另一种结构形式，称同轴型扬声器，它在高、低频都有极佳的表现，相位失真小，是一种真正全频段扬声器，常在高档的音箱中使用。

（3）纸盆式扬声器。

纸盆式扬声器是电动扬声器的代表，用途最为广泛。线圈在磁场中随着加入音频的电流而振动，并且由纸盆辐射。纸盆式扬声器根据它的形状大小、功率及所使用的磁铁分为多种规格和类型。

选择扬声器时，首先要根据实际电路性能指标来选择参数适合的扬声器，如应选取实际电路最大不失真输出功率的2～5倍为宜。扬声器阻抗有4Ω、8Ω、16Ω等，选择时也应根据实际电路输出阻抗而定。实现阻抗匹配，电路性能才能得到充分发挥，若用于听音乐则要选取有效放声频带越宽越好的扬声器，也可以选取高、低频两种分频式音箱。若只用于语音广播，则一般选用电声性能较高的扬声器，如号筒式扬声器。若用于彩色电视机等需防止磁场影响的电器扬声器，则应选用防磁型扬声器，由于内磁扬声器使用磁性较强的铝镍合金磁铁，磁铁可做得较小，常用铁壳包住，可有效防止其磁场对电器的影响。而外磁扬声器使用磁性稍弱的铁氧体做磁铁，磁铁要做得较大才能获得较大输出功率和较高灵敏度，所以其磁铁的大小也是衡量扬声器质量优劣的重要参数之一。

4.8　实训项目

4.8.1　常用电子元器件的测试

1. 实训目的

（1）学会识别常用的电子元器件。

（2）学习用万用表测量电阻、电容的方法。

（3）学习用万用表判断二极管及三极管的类型和引脚。

2. 实训内容

（1）电阻的测量。

用机械式万用表直接测定电阻阻值并和标色电阻的标称值比较。测量时被测电阻不能带电，万用表的倍率挡位选择要使万用表指针偏转到读数刻度线的中段，而且每次测量前要进行欧姆调 0（若用数字式万用表的电阻挡直接测量电阻，其准确度较高，可达 0.1%）。

（2）检查电容器的极性和质量。

① 用机械式万用表判定电解电容器的极性。将万用表拨到欧姆挡（R×1k），用交换表笔的方法分别测量电容器的正、反向漏电阻，由此判断电容器引脚的正、负极性。

注意，在交换表笔第二次测量时，应先将电容器短路，以防止万用表表针打表。对刚使用不久的电解电容器进行测量时，也应先把电容器两极短路然后再测量，以防止电容器内积存的电荷经万用表放电，损坏表头。

② 用机械式万用表检查电容器漏电阻的大小。电容器充好电时 $U_C=E$，充电电流 $I=0A$，此时 R×1k 挡的读数即代表电容器的漏电阻，记下漏电阻的值，并说明该被测电容器质量是否完好。

（3）判断二极管的极性和质量。

将机械式万用表拨到 R×100 或 R×1k 挡，将两支表笔接到二极管的两个引脚上测量二极管的阻值，对调两支表笔再测量二极管的阻值，记下二极管的正、反向阻值，判别二极管的极性，说明二极管的质量是否完好。

（4）判断三极管的类型和引脚。

① 确定三极管的基极。

② 判断三极管是 NPN 型还是 PNP 型。

③ 判断三极管的集电极 C 和发射极 E。

4.8.2 触摸报警器的制作

1. 实训目的

（1）掌握触摸报警器的工作原理及其设计方法。
（2）掌握触摸报警器各部分电路的组成，并且学会故障分析。

2. 触摸报警器电路构成

触摸报警器电路构成框图如图 4-20 所示。
（1）电源电路，由变压器、整流二极管和电解电容器组成。
（2）音频振荡电路，由三极管、电阻器、电容器和扬声器组成。
（3）开关电路，由二极管、三极管和电阻组成。
（4）触摸电路，由分压电阻器和集成芯片 UA741 组成。

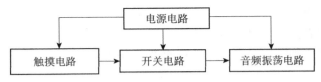

图 4-20　触摸报警器电路构成框图

3. 触摸报警器工作原理

触摸报警器电路原理图如图 4-21 所示。

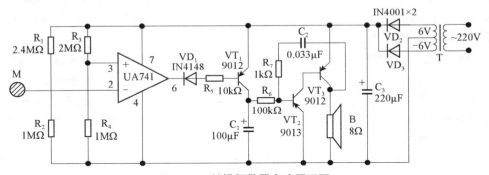

图 4-21　触摸报警器电路原理图

触摸报警器由 UA741 等构成的触摸电路，以及电子开关、音频振荡器及电源电路等几部分组成。当人手未触碰电极片 M 时，由于电阻器 R_1～R_4 的分压作用，UA741 的反向输入端 2 引脚电平低于同相输入端 3 引脚，输入端 6 引脚输出高电平，二极管 VD_1 截止，电子开关管 VT_1 也处于截止状态，由三极管 VT_2、VT_3 组成的音频振荡器不工作，扬声器 B 无声。当人手触碰电极片 M 时，人体感应的杂波信号输出到 UA741 的反相输入端 2 引脚，经放大后使输出端 6 引脚电平下降，VD_1 与 VT_1 相继导通，振荡器因电阻器 R_6 从 VT_1 集电极获得基极偏流而起振，扬声器 B 就发出响亮的报警声。与此同时，正电源还通过 VT_1 向电容器 C_1 充电。

人手离开电极片 M 后，虽然 UA741 输出端 6 引脚恢复高电平，VD_1、VT_1 也由导通态转为截止态，但此时 C_1 储存电荷可通过电阻器 R_6 继续为 VT_2 提供基极偏流，振荡依然维持，报警声不停。直至 C_1 电荷放完，振荡停止，扬声器才停止发声。如果又有人触碰电极片 M，扬声器将再次发出报警声。

由于 C_1 在充放电过程中改变了电阻器 R_6 左端的电平高低，因此能使报警声的声调发生变化，变声调的报警声响更能引起人们的注意。增减电容器 C_1 的电容量大小能够调整电路每次被触发后报警声的持续时间。C_1 的电容量大，持续时间长，反之则短，本例数据约为 30s。更换不同值的元件 R_6、R_7 及 C_2 可以调整报警声的声调。变压器 T 及二极管 VD_2、VD_3 为整个电路提供直流工作电压。

4. 实训步骤

（1）按照前面讲的测试方法，测量元器件。

（2）按照原理图搭建电路，注意引脚不要接错，要求布线整齐、美观，便于测试。

（3）测试各级电压及波形。调整阻值 R_6 和 R_7，观察声音是否发生变化。

5. 实训设备及元器件

（1）设备：万用表、电源、示波器、面包板。

（2）元器件列表如表 4-9 所示。

表 4-9　元器件列表

名　称	型　号	标　称　值	数量（个）	电路中的符号	备　注
电阻器	RT/RJ	2.4MΩ	1	R_1	1/8W
		2MΩ	1	R_3	
		1MΩ	2	R_2、R_4	
		10kΩ	1	R_5	
		100kΩ	1	R_6	
		1kΩ	1	R_7	
电容器	CD11	220μF	1	C_3	耐压 25V
		100μF	1	C_1	
	CT1	0.003μF	1	C_2	
二极管	IN4007		2	VD_2、VD_3	
	IN4148		1	VD_1	
三极管	9012		2	VT_3、VT_2	
	9013		1	VT_1	$\beta > 100$
芯片	UA741		1		
变压器		220/12V	1	T	1W
扬声器			1	B	8Ω

6. 安装、调试注意事项

安装时应注意选用电阻器 $R_1 \sim R_4$ 的阻值，要求其值 $R_2 = R_4$，R_1 略大于 R_3，以确保 UA741 的 2 引脚电平略低于 3 引脚电平。VT_1、VT_2 用 9012 型 PNP 管，VT_3 用 9013 型 PNP 管，β 值均大于 100。

4.8.3　可调直流稳压电源的设计

1. 实训目的

（1）掌握可调直流稳压电源的构成，熟悉常用整流电路和滤波电路的特点。

（2）掌握可调直流稳压集成电路 CW317 的特点及其构成可调稳压电源的方法。

（3）掌握直流稳压电源电路的参数选择与计算方法。

（4）设计可调直流稳压电源：U_o=1.25～37V 可调，I_{omax}=350mA，纹波电压 $\triangle U \leqslant$5mA，稳压系数 $S_v \leqslant 3 \times 10^3$。

2. 可调集成稳压器构成稳压电路

CW317、CW337 三端可调集成稳压器是通用化、标准化稳压器，广泛应用于各种电子设备的电源中。CW317 是正稳压器，CW337 是负稳压器，它们没有接地公共端，只有输入、输出和调整三个端子。稳压器内部设置了过流保护、短路保护、调整管安全工作区保护和稳压器芯片过热保护等电路，因此安全可靠。稳压器的最大输入、输出电压差为 40V，最小电压差为 3V。输出电压为 1.25～37V（−1.25～−37V）连续可调，最小负载电流为 5mA，基准电压为 1.25V。CW317、CW337 的电压调整率为 0.02%，电流调整率为 0.3%，纹波抑制比为 65dB，输出噪声为 0.003%，最大输出电流为 1.5A。

可调直流稳压电源由变压器、整流器、滤波器和稳压器等部分组成，其组成原理框图如图 4-22 所示。变压器的作用是将电网 220V 的交流电压 U_1 变换成整流滤波电路所需的交流电压 U_2，整流器将交流电压 U_2 变换成脉动直流电压 U_3，滤波器将脉动直流电压的纹波变换成纹波较小的直流电压 U_4，最后由稳压器将 U_4 变换成稳定的直流稳压电源 U_o。

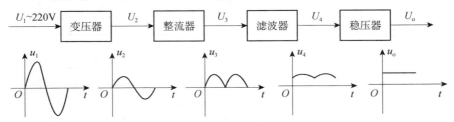

图 4-22　可调直流稳压电源的组成原理框图

3. 可调稳压电路构成及参数选择计算

由 CW317 构成的可调稳压电路如图 4-23 所示。

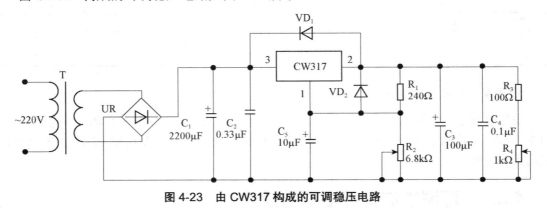

图 4-23　由 CW317 构成的可调稳压电路

（1）为防止负载电位器短路，电阻器 R_3 与 R_4 串联，构成电源的假负载；两个电阻器额定功率应大于 2W。

（2）三端集成稳压器的输出端与调整端的 U_{ref} 不变，CW317 为 1.25V。调整端的电流稳定且很小，约为 50μA，可忽略不计，因此 $U_{omax}=1.25（1+R_2/R_1）$。

为保证三端稳压器可靠稳压，要求输出电流不能小于最小负载电流 I_{omin}，CW117、CW217、CW317 的 $I_{omin}=3.5mA$。

电阻器 R_1 接在 CW317 的输出端和调整端之间，为保证负载开路时 $I_o>I_{omin}$，取 $I_{omin}=5mA$，则 R_1 的最小值为 $R_{1min}=U_{ref}/I_{omin}$，得 $R_1=1.25V/5mA=250Ω$，实际取值略小于 $250Ω$，取 $R_1=240Ω$。电阻器 R_1 的功率 $P_{R1}≥1.25^2/R_1$，即 $P_{R1}≥1.25^2/240$，则选用 1/4W 240Ω 的金属膜电阻器。要求最大输出电压为 37V，由 U_{omax} 的公式求得 $R_2=6864Ω$，取标称值 6.8kΩ，电阻器 R_2 的功率 $P_{R2}≥（U_{omax}-1.25）^2/R_2$，本例中 $P_{R2}=（37-1.25）^2/6800≈0.188W$，在要求较高的场合选用 WX1017 型 6.8kΩ。精密线绕电位器额定功率取 1W。

（3）VD_1、VD_2 为保护二极管，为防止反向电压击穿稳压器，可选开关二极管 1N4148。

（4）集成稳压器输入电压 U_i 的范围为 $U_{omax}+（U_i-U_o）_{min}≤U_i≤U_{omin}+（U_i-U_o）_{max}$。其中，$U_{omax}$ 为最大输出电压，U_{omin} 为最小输出电压，$（U_i-U_o）_{min}$ 为稳压器的最小输入、输出电压差，取值为 3V，$（U_i-U_o）_{max}$ 为稳压器的最大输入、输出电压差，取值为 40V。可得本例中稳压器的输入电压范围为 $37+3≤U_i≤1.25+40$，计算后为 $40≤U_i≤41.25$。变压器二次侧电压为 $U_2≥U_{imin}/1.1=40/1.1V$，取 $U_2=37V$，取二次侧电流 $I_2=0.5A$，变压器输出功率 $P_2≥U_2I_2=18.5W$。变压器的效率 $Π=0.7$，则变压器一次侧的输入功率 $P_1=P_2/Π≈26.4W$，取值 30W。

（5）滤波电容器的选择。低频滤波电容器的值 C_1，在要求输出纹波小时可选大一些，其值可由纹波电压 $ΔU$ 和稳压系数 S_v 来确定。经计算得 $C_1≈1944μF$，取值 2200μF。高频滤波电容器 C_2 取值 0.33μF，稳压输出侧低频滤波电容器 C_3 的取值为 100μF，高频滤波电容器 C_4 的取值为 0.1μF。滤波电容器 C_5 一般取值为 10μF，是为减小电阻器 R_2 两端纹波电压而设置的。其中 C_1、C_3、C_5 为电解电容器，C_2、C_4 为独石、陶瓷、云母或聚苯乙烯电容器。

4. 实训步骤

（1）测量各元器件。

（2）根据原理图搭建电路。

（3）测试各级电压及波形。调整 R_2，观察输出电压的变化；固定 R_2，调整 R_4，观察输出电压的情况。

5. 实训设备及元器件

（1）设备：万用表、直流稳压电源、示波器。

（2）元器件列表如表 4-10 所示。

表 4-10　元器件列表

名　称	型　号	电路中的符号	数　量
变压器	220/36V	T	1
整流桥	3A，100V	UR	1
电解电容器	2200μF/100V	C_1	1
独石电容器	0.33μF/100V	C_2	1
电解电容器	100μF/50V	C_3	1

名　　称	型　　号	电路中的符号	数　　量
独石电容器	0.1μF/50V	C_4	1
电解电容器	10μF/50V	C_5	1
二极管	IN4148	VD_1、VD_2	2
三端可调稳压器	CW317	U_1	1
金属膜电阻	240Ω	R_1	1
精密线性电位器	WX1017 6.8kΩ	R_2	1
功率电位器	1kΩ 2W	R_4	1
功率电阻	100Ω 2W	R_3	1

4.9　思考题

1. 电阻器有哪些主要参数？请简述电阻器的几种标注方法。
2. 4 环电阻器与 5 环电阻器的各环代表什么含义？
3. 如何用模拟式（指针式）万用表测量电阻器的阻值？
4. 如何测试、安装、使用电位器？
5. 电容器有哪几种标注方法？请简述各标注方法的含义。
6. 怎样判别固定电容器性能的好坏？
7. 怎样判别电解电容器的极性？
8. 电感器的标注方法有哪几种？如何测量其参数？
9. 怎样判别二极管的极性及其性能？
10. 如何使用模拟式（指针式）万用表判别三极管的管型及电极？
11. 场效应管与晶体三极管相比有何特点？
12. 请简述集成电路的使用注意事项。

第5章 数字电路与逻辑设计基础实验

继电器作为系统的各种状态或参量判断和逻辑运算的元件，主要起到信号转换和传递的作用。继电器的种类有很多，按反映信号的种类分为电流、电压、速度、压力、温度等继电器；按动作原理分为电磁式、感应式、电动式和电子式继电器；按动作时间分为瞬时动作和延时动作继电器。

5.1 继电器

继电器是自动控制电路中常用的一种元件。它是用较小的电流来控制较大电流的自动开关，在电路中起着自动操作、自动调节、安全保护等作用。

5.1.1 继电器的外形及电路符号

继电器的外形如图 5-1 所示，继电器的电路符号如图 5-2 所示。

图 5-1 继电器的外形

图 5-2 继电器的电路符号

（1）动合型（常开）（H 型）线圈不通电时两个触点是断开的，通电后两个触点就闭合，用"合"字的拼音字头"H"表示。

（2）动断型（常闭）（D 型）线圈不通电时两个触点是闭合的，通电后两个触点就断开，用"断"字的拼音字头"D"表示。

（3）转换型（Z 型）触点组。这种触点组共有三个触点，即中间是动触点、上下各有一个静触点。线圈不通电时，动触点和其中一个静触点断开和另一个闭合，线圈通电后，动触点就移动，使原来断开的变成闭合的，原来闭合的变成断开的，以达到转换的目的。这样的触点组称为转换型触点组，用"转"字的拼音字头"Z"表示。

5.1.2 继电器的种类

1. 按继电器的工作原理或结构特征分类

（1）电磁继电器：利用输入电压作用在电磁铁铁芯与衔铁间产生的吸力作用而工作的一种继电器。

（2）固体继电器：指电子元件执行其功能而无机械运动构件的、输入和输出隔离的一种继电器。

（3）温度继电器：当外界温度达到给定值时而动作的继电器。

（4）舌簧继电器：最大特点是触点的吸合或释放速度快、灵敏，常用于自动控制设备中动作灵敏、快速的执行元件。

（5）时间继电器：当加上或除去输入信号时，输出部分需延时或限时到规定时间才闭合或断开其被控电路的继电器。

（6）高频继电器：用于切换高频、射频电路而具有极小损耗的继电器。

（7）极化继电器：由极化磁场与控制电流通过控制线圈所产生的磁场综合作用而动作的继电器。其动作方向取决于控制线圈中电流流过的方向。

（8）其他类型的继电器：光继电器、声继电器、热继电器、仪表式继电器、霍尔效应继电器、差动继电器等。

2. 按继电器的外形尺寸分类

按继电器的外形尺寸可分为微型继电器、超小型继电器、小型继电器。

注意：

对于密封或封闭式继电器而言，外形尺寸为继电器本体三个相互垂直方向的最大尺寸，不包括安装件、引出端、压筋、压边、翻边和密封焊点的尺寸。

3. 按继电器的负载分类

按继电器的负载可分为微功率继电器、弱功率继电器、中功率继电器、大功率继电器。

4. 按继电器的防护特征分类

按继电器的防护特征可分为密封式继电器、封闭式继电器、敞开式继电器。

5. 按继电器的动作原理分类

按继电器的动作原理可分为电磁型继电器、感应型继电器、整流型继电器、电子型继电器、数字型继电器等。

6. 按反映的物理量分类

按反映的物理量可分为电流继电器、电压继电器、功率方向继电器、阻抗继电器、频率继电器、气体（瓦斯）继电器。

5.1.3　继电器的选用

继电器有很多参数，选择继电器时必须根据实际电路选择参数合适的继电器。

（1）线圈工作电压是交流还是直流，电压大小是否适合电路工作电压。

（2）线圈工作时所需功率与实际需要切换的触发驱动控制电路所输出的功率是否相等。

（3）受控点数量必须根据受控电路需要切换的触点数量来选择，触点允许最大电流必须是受控电路工作电流的 1.5～2 倍。

（4）继电器吸合时，若受控电路是闭合的，则把常开触点与动触点接入电路，若受控电路是断开的，则把常闭触点与动触点接入电路。若用于电路转换，则要将其全部接入电路。

5.1.4　继电器的质量判断

1. 测量线圈阻值

可用万能表 R×10 挡测量继电器线圈的阻值，从而判断该线圈是否存在开路现象。继电器线圈的阻值和它的工作电压及工作电流有非常密切的关系，通过线圈的阻值可以计算出它的使用电压及工作电流。

2. 测量触点阻值

用万能表的电阻挡测量常闭触点与动触点电阻，其阻值应为 0Ω；而常开触点与动触点的阻值为无穷大。由此可以区分哪个是常闭触点，哪个是常开触点。

3. 测量吸合电压和吸合电流

找来可调稳压电源和电流表，给继电器输入一组电压，且在供电回路中串入电流表进行监测。慢慢调高电源电压，当听到继电器吸合声音时，记下该吸合电压和吸合电流。为求准确，可以多试几次求平均值。测量释放电压和释放电流同上述连接测试。当继电器吸合后，再逐渐降低供电电压，当听到继电器释放声音时，记下此时的释放电压和释放电流，也可多试几次求平均值。一般情况下，继电器的释放电压是吸合电压的 10%～50%，如果释放电压太小（小于 10%的吸合电压），则继电器不能正常使用了，否则会对电路的稳定性造成威胁，使工作不可靠。

5.2　整流桥

整流桥是将数个（2 个或 4 个）整流二极管封装在一起组成的桥式整流器件，其主要作用是把交流电转换为直流电，也就是整流，因此得名整流桥。整流桥一般用在全波整流电路中，它又分为全桥与半桥。全桥是由 4 个整流二极管按桥式全波整流电路的形式连接并封装为一体的，半桥是将 2 个整流二极管按桥式全波整流电路的一半封装在一起的，选择整流桥要考虑整流电路和工作电压。

5.2.1　整流桥的图形符号

整流桥通常由 2 块或 4 块整流硅芯片进行桥式连接，2 块的称为半桥，4 块的称为全桥。外部采用绝缘塑料封装而成，大功率整流桥在绝缘层外添加锌金属壳包封，增强散热性能。引出 4 个引脚。在 4 个引脚中，2 个直流输出端标有+或-，2 个交流输入端标有～。整流桥外形及电路符号如图 5-3 所示。在整流桥的每个工作周期内，同一时间只有 2 个二极管进行工作，通过二极管的单向导通功能，把交流电转换成单向的直流脉动电压。

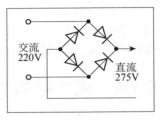

图 5-3　整流桥外形及电路符号

5.2.2　整流桥的型号与参数

1. 整流桥的型号

一般整流桥命名中有 3 个数字，第 1 个数字代表额定电流（A）；后 2 个数字代表额定电压（数字×100）（V）。

如 KBL410，即 4A、1000V；RS507，即 5A、700V。1～7 分别代表电压挡的 50V、100V、200V、400V、600V、800V、1000V。常用的国产全桥有佑风 YF 系列，进口全桥有 ST、IR 等。

2. 整流桥的参数

全桥的正向电流有 0.5A、1A、1.5A、2A、2.5A、3A、5A、10A、20A、35A、50A 等多种规格，耐压值（最高反向电压）有 25V、50V、100V、200V、300V、400V、500V、600V、800V、1000V 等多种规格。

隔离式开关电源一般采用由整流管构成的整流桥，也可直接选用成品整流桥，完成桥式整流。全波桥式整流器简称硅整流桥，它是将 4 个硅整流管接成桥路形式，再用塑料封装而成的半导体器件。它具有体积小、使用方便、各整流管的参数一致性好等优点，可广泛用于开关电源的整流电路。硅整流桥有 4 个引出端，其中交流输入端 2 个、直流输出端 2 个。

硅整流桥的最大整流电流平均值有 0.5～40A 等多种规格，最高反向工作电压有 50～1000V 等多种规格。小功率硅整流桥可直接焊在印制板上，大功率硅整流桥要用螺钉固定，并且需安装合适的散热器。

5.2.3　用万用表检测整流桥

1. 用万用表可以判断整流桥的极性

将万用表置 R×1k 挡，黑表笔接整流全桥的一根引线，红表笔分别接触其余的三根引线，如果测得的阻值都为无穷大，则黑笔所接的引线为全桥的输出正极（D 端）；如果测得的阻值为 4~10kΩ，则黑笔所接的引线为全桥的输出负极（C 端），其余两根引线就是全桥的交流输入端。

2. 用指针式万用表检测整流桥的好坏

方法一：分别测量"+"极与两个"～"极、"－"极与两个"～"极之间各整流二极管的正、反向阻值（与普通二极管的测量方法相同），如果检测到其中一个二极管的正、反向阻值均为 0Ω 或均为无穷大，则可判断该二极管已被击穿或已开路损坏。

方法二：将万用表置于 R×10k 挡，测试两个"～"极之间的正、反向阻值，正常时阻值均很大，否则说明全桥组件中有一个或多个二极管已被击穿或漏电。

方法三：将万用表的量程开关拨至 R×1k 挡，红表笔接"－"极，黑表笔接"+"极，如果此时测出的正向阻值略比单个二极管正向阻值大，则说明被测全桥组件正常；如果正向阻值接近单个二极管的正向阻值，则说明该全桥组件中有一个或两个二极管已被击穿；如果正向阻值较大，且比两个二极管的正向阻值大很多，则表明该全桥组件中的二极管有正向阻值变大或开路。

3. 用数字式万用表检测整流桥的好坏

方法一：将万用表置于二极管挡，依顺序测量全桥组件的"～""～""－""+"引脚之间的正、反向压降。通常，对于一个性能完好的全桥组件，各二极管的正向压降均在 0.524~0.545V 范围内，而在测量反向压降时万用表应显示溢出符号"1"。

方法二：将万用表置于二极管挡，测量全桥组件的两个"～"极之间和"+"极与"－"之间的电压。若在测量两个"～"极之间的电压时，数字式万用表显示溢出符号"1"，而测得"+"极与"－"极之间的电压为 1V 左右，则说明被测全桥组件的内部无短路现象。

5.3　555 定时器

555 定时器是一种模拟和数字功能相结合的中规模集成器件，555 定时器的电源电压范围宽，可在 4.5~16V 工作，输出驱动电流约为 200mA，因此其输出可与 TTL、CMOS 或模拟电路电平兼容。

5.3.1　555 定时器内部结构

555 定时器成本低，性能可靠、只需要外接几个电阻、电容，就可以实现多谐振荡器、单稳态触发器及施密特触发器等脉冲产生与变换电路。555 定时器的内部电路如图 5-4 所示。

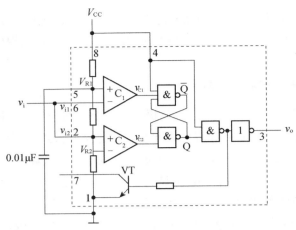

图 5-4　555 定时器内部电路

555 定时器的功能主要由两个比较器决定。两个比较器的输出电压控制 RS 触发器和放电管的状态。在电源与地之间加上电压，当 5 引脚悬空时，则电压比较器 C_2 的同相输入端的电压为 $2V_{CC}/3$，C_1 的反相输入端的电压为 $V_{CC}/3$。若低触发端 TR 的电压小于 $V_{CC}/3$，则比较器 C_2 的输出为 0，可使 RS 触发器置 1，使输出端 OUT=1。如果高触发端 TH 的电压大于 $2V_{CC}/3$，同时 TR 端的电压大于 $V_{CC}/3$，则 C_1 的输出为 0，C_2 的输出为 1，可将 RS 触发器置 0，使输出为低电平。其各个引脚的功能如下。

1 引脚：外接电源负端或接地，一般情况下接地。

2 引脚：低触发端 TR。

3 引脚：输出端 v_o。

4 引脚：直接清 0 端。当此端接低电平时，则时基电路不工作，此时无论 TR、TH 处于何种电平，时基电路输出都为 0，该端不用时应接高电平。

5 引脚：控制电压端。若此端外接电压，则可改变内部两个比较器的基准电压，当该端不用时，应将该端串入一只 0.01μF 电容接地，以防引入干扰。

6 引脚：高触发端 TH。

7 引脚：放电端。该端与放电管集电极相连，用作定时器时电容的放电。

8 引脚：外接电源 V_{CC}，双极型时基电路 V_{CC} 的范围是 4.5～16V，CMOS 型时基电路 V_{CC} 的范围为 3～18V，一般用 5V。

在 1 引脚接地，5 引脚未外接电压，两个比较器 C_1、C_2 基准电压分别为 $V_{CC}/3$ 和 $2V_{CC}/3$ 的情况下，555 定时器的功能表如表 5-1 所示。

表 5-1　555 定时器的功能表

清 0 端	高触发端 TH	低触发端 TR	Q	放电管 T	功　能
0	*	*	0	导通	直接清 0
1	$>2V_{CC}/3$	$>V_{CC}/3$	0	导通	保持上一状态
1	$<2V_{CC}/3$	$<V_{CC}/3$	1	截止	置 1
1	$<2V_{CC}/3$	$>V_{CC}/3$	1	不变	保持

555 定时器的应用如下。

（1）构成施密特触发器，用于 TTL 系统的接口，整形电路或脉冲鉴幅等。

（2）构成多谐振荡器，组成信号产生电路，振荡周期 $T=0.7$（R_1+2R_2）C。

（3）构成单稳态触发器，用于定时、延时整形及一些定时开关中。

555 定时器应用电路采用这 3 种方式中的 1 种或多种，可以组成各种实用的电子电路，如定时器、分频器、脉冲信号发生器、元件参数和电路检测电路、玩具游戏机电路、报警电路、电源交换电路、频率变换电路、自动控制电路等。

5.3.2 555 定时器构成的施密特触发器

施密特触发器有两个稳定状态，也是一种双稳态触发器。

1. 电路组成

由 555 定时器构成的施密特触发器的电路非常简单，把 2 引脚和 6 引脚接在一起作为输入端即可，7 引脚悬空，其电路如图 5-5 所示。

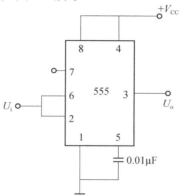

图 5-5　施密特触发器电路

2. 施密特触发器的特点

（1）属于电平触发，可以把变化非常缓慢的信号变成边沿很陡峭的矩形脉冲。

（2）输入信号从小变到大和从大变到小的阈值电压不同。

（3）输出的两种稳定状态都需要依赖输入信号来维持，没有记忆功能。

3. 工作原理分析

（1）U_i 增加：当 $U_i<V_{CC}/3$ 时，$U_o=1$；当 $V_{CC}/3<U_i<2V_{CC}/3$ 时，$U_o=1$；当 $U_i>2V_{CC}/3$ 时，$U_o=0$。可以认为，输入电压增加时，输出翻转的阈值电压为 $2V_{CC}/3$。

（2）U_i 减小：当 $U_i>V_{CC}/3$ 时，$U_o=0$；当 $V_{CC}/3<U_i<2V_{CC}/3$ 时，$U_o=0$；当 $U_i<V_{CC}/3$ 时，$U_o=1$。可以认为，输入电压减小时，输出翻转的阈值电压为 $V_{CC}/3$。

图 5-6 所示是施密特触发器的电压传输特性，在输入电压上升过程中，输出电压 U_o 由高电平跳变到低电平时的输入电压为正向阈值电压，用 $U+$ 表示；在输入电压下降过程中，输出电压 U_o 由低电平跳变到高电平时的输入电压为负向阈值电压，用 $U-$ 表示。从图中可以看到，$U+$ 与 $U-$ 是不同的，具有滞回特性。$\Delta U=U+-U-$ 称为滞回电压或回差电压。

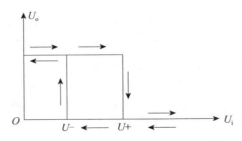

图 5-6 施密特触发器的电压传输特性

施密特触发器能将边沿变化缓慢的波形整形为边沿陡峭的矩形脉冲。同时由于具有滞回特性，有较强的抗干扰能力。

5.3.3 555 定时器构成的单稳态触发器

单稳态触发器只有一个稳定状态。在未加触发信号前，触发器处于稳定状态，经触发后，触发器由稳定状态翻转为暂稳状态，暂稳状态保持一段时间后，又会自动翻转回原来的稳定状态。单稳态触发器一般用于延时和脉冲整形电路。

接通电源后，未加负脉冲，而电容器 C 充电，V_C 上升，当 $V_C=2V_{CC}/3$ 时，RS 电路输出为低电平，放电管 T 导通，C 快速放电，使 $V_C=0$。这样，在加负脉冲前，输出为低电平，即 $V_o=0$，这是电路的稳态。在 $t=t_0$ 时，V_i 负跳变（V_i 端电平小于 $V_{CC}/3$），而 $V_C=0$（TH 端电平小于 $2V_{CC}/3$），所以输出 V_o 翻转为高电平，T 截止，C 充电，按指数规律上升。$t=t_1$ 时，负脉冲消失。$t=t_2$ 时，V_C 上升到 $2V_{CC}/3$（此时 TH 端电平大于 $2V_{CC}/3$，TR 端电平大于 $V_{CC}/3$），V_o 又自动翻转为低电平。在 T_W 这段时间电路处于暂稳态。$t>t_2$，T 导通，C 快速放电，电路又恢复到稳态。由分析可得输出正脉冲宽度为：

$$T_W=1.1RC$$

555 定时器构成的单稳态触发器是由 555 定时器和外接定时元件 R、C 构成的单稳态触发器，其外部接线图如图 5-7 所示。VD 为二极管，稳态时 555 定时器电路输入端是电源电平，内部放电开关管 T 导通，输出端 V_o 输出低电平，有一个外部负脉冲触发信号加到 V_i 端。使 2 端电位瞬时低于 $V_{CC}/3$，低电平比较器动作，单稳态电路即开始一个稳态过程，C 开始充电，V_C 按指数规律增长。当 V_C 充电到 $2V_{CC}/3$ 时，高电平比较器动作，比较器 A_1 翻转，输出端 V_o 从高电平返回低电平，放电开关管 T 重新导通，C 上的电荷经放电开关管快速放电，暂态结束，恢复稳定，为下个触发脉冲的到来做好准备。其波形图如图 5-8 所示。

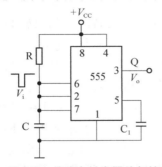

图 5-7 单稳态触发器外部接线图

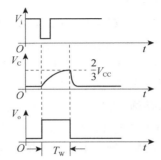

图 5-8 单稳态触发器波形图

暂稳态的持续时间 T_w（即为延迟时间）取决于外接元件 R、C 值的大小。通过改变 R、C 值的大小，可使延迟时间在几微秒和几十分钟之间变化。当这种单稳态电路作为计时器时，可直接驱动小型继电器，并且可采用复位端接地的方法来终止暂态，重新计时。此外，需用一个续流二极管与继电器线圈并接，以防继电器线圈反电势损坏内部功率管。

5.3.4　555 定时器构成的多谐振荡器

多谐振荡器又称无稳态触发器，它没有稳定的输出状态，只有两个暂稳态。电路处于某一个暂稳态后，经过一段时间可以自行触发翻转到另一个暂稳态。两个暂稳态自行相互转换而输出一系列矩形波，多谐振荡器可用作方波发生器。

接通电源后，输出假定是高电平，则 T 截止，C 充电。充电回路是 V_{CC}—R_1—R_2—C—地，V_C 按指数规律上升，当上升到 $2V_{CC}/3$ 时（TH 端电平大于 V_C），输出翻转为低电平。V_o 是低电平，T 导通，C 放电，放电回路为 C—R_2—T—地，V_C 按指数规律下降，当下降到 $V_{CC}/3$ 时（TH 端电平小于 V_C），输出翻转为高电平，放电管 T 截止，C 再次充电，如此周而复始，产生振荡（见图 5-9），经分析可得：

充电时间

$$T_1=（R_1+R_2）Cln2$$

放电时间

$$T_2=R_2Cln2$$

振荡周期

$$T=（R_1+2R_2）Cln2$$

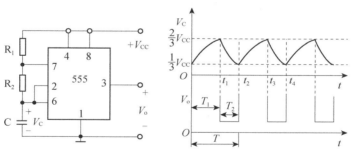

图 5-9　多谢振荡器外部接线图及波形图

5.4　七段数码管

LED 数码管（LED Segment Displays）是由多个发光二极管封装在一起组成"8"字形的器件，引线已在内部连接完成，只需引出它们的各个笔画，公共电极。LED 数码管常用的段数一般为七段，有的另加一个小数点，根据 LED 的接法不同分为共阴极和共阳极两类，不同类型的数码管，除它们的硬件电路有差异外，编程方法也是不同的。

5.4.1 七段数码管的结构与工作原理

七段数码管一般由 8 个发光二极管组成，其中由 7 个细长的发光二极管组成数字显示，另一个圆形的发光二极管显示小数点。当发光二极管导通时，相应的一个点或一个笔画发光。控制相应的二极管导通，就能显示出各种字符，尽管显示的字符形状有些失真，能显示的字符有限，但其控制简单、使用方便。发光二极管的阳极连在一起的称为共阳极数码管，阴极连在一起的称为共阴极数码管，如图 5-10 所示。

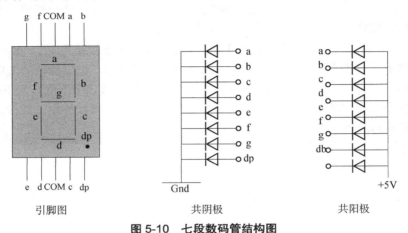

图 5-10　七段数码管结构图

5.4.2 七段数码管驱动方法

发光二极管（LED）是一种由磷化镓（GaP）等半导体材料制成的，能直接将电能转变成光能的发光显示器件，当其内部有电流通过时它就会发光。

七段数码管每段的驱动电流和其他单个 LED 发光二极管一样，一般为 5～10mA，正向电压随发光材料的不同表现为 1.8～2.5V 不等。七段数码管的显示方法可分为静态显示与动态显示，下面分别介绍。

1. 静态显示

静态驱动也称直流驱动。静态驱动是指每个数码管的每个段码都由一个单片机的 I/O 端口进行驱动，或者使用如 BCD 码二-十进制译码器译码进行驱动。静态驱动的优点是编程简单，显示亮度高，节省 CPU 的时间，提高了 CPU 的工作效率；缺点是占用 I/O 端口多（如驱动 5 个数码管静态显示需要 5×8=40 个 I/O 端口，要知道一个 89S51 单片机可用的 I/O 端口才 32 个），实际应用时必须增加译码驱动器进行驱动，增加了硬件电路的复杂性，还增加了成本，开销太大。因此常采用动态显示方式。

2. 动态显示

数码管动态显示接口是单片机中应用较为广泛的一种显示方式。动态驱动是将所有数码管的 8 个显示笔画 "a、b、c、d、e、f、g、dp" 的同名端连在一起，另外为每个数码管的公共极 COM 增加"位"选通控制电路,位选通由各自独立的 I/O 线控制,当单片机输出字形码时,所有数码管都收到相同的字形码,但究竟是哪个数码管会显示出字形,取决于单片机对位选通 COM 端电路的控制,所以我们只要将需要显示的数码管的选通控制打开,该位就显示出字形,没有选通的数码管就不会亮。通过分时轮流控制各个数码管的 COM 端,就使各个数码管轮流受控显示,这就是动态驱动。在轮流显示过程中,每位数码管的点亮时间为 1～2ms,由于人的视觉暂留现象及发光二极管的余辉效应,尽管实际上各位数码管并非同时点亮,但只要扫描的速度足够快,给人的印象就是一组稳定的显示数据,不会有闪烁感,动态显示效果和静态显示效果是一样的,能够节省大量的 I/O 端口,而且功耗更低。但动态显示在控制系统运行过程中占用了 CPU 的大量时间,降低了 CPU 的工作效率,同时显示亮度比静态显示的低。

5.5　74LS47 译码器

译码器的逻辑功能是将每个输入的二进制代码译成对应输出的高、低电平信号。常用的译码器电路有二进制译码器、二-十进制译码器和显示译码器。译码为编码的逆过程。它将编码时赋予代码的含义"翻译"过来。实现译码的逻辑电路称为译码器。译码器输出与输入代码有唯一的对应关系。74LS47 是输出低电平有效的七段字形译码器,与数码管配合使用。

5.5.1　74LS47 真值表

表 5-2 列出了 74LS47 真值表。

表 5-2　74LS47 真值表

$\overline{LT}$	$\overline{RBI}$	$\overline{BI}$	D C B A	abcdefg	说　　明
0	*	1	* * * *	0000000	试灯
*	*	0	* * * *	1111111	熄灭
1	0	0	0 0 0 0	1111111	灭 0
1	1	1	0 0 0 0	0000001	0
1	*	1	0 0 0 1	1001111	1
1	*	1	0 0 1 0	0010010	2
1	*	1	0 0 1 1	0000110	3
1	*	1	0 1 0 0	1001100	4
1	*	1	0 1 0 1	0100100	5
1	*	1	0 1 1 0	1100000	6
1	*	1	0 1 1 1	0001111	7
1	*	1	1 0 0 0	0000000	8
1	*	1	1 0 0 1	0001100	9

5.5.2 74LS47 引脚功能

74LS47 是 BCD—七段数码管译码器/驱动器，74LS47 的功能是将 BCD 码转化成数码块中的数字，通过它解码，可以直接把数字转换成数码管的显示数字。74LS47 为低电平作用，其引脚排列图如图 5-11 所示。

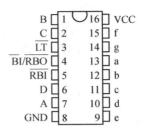

图 5-11 74LS47 引脚排列图

（1）$\overline{LT}$：试灯输入，是为了检查数码管各段是否能正常发光而设置的。当 $\overline{LT}$ =0 时，无论输入 A、B、C、D 为何种状态，译码器输出均为低电平，若驱动的数码管正常，则显示 8。

（2）$\overline{BI}$：灭灯输入，是为控制多位数码显示的灭灯所设置的。当 $\overline{BI}$ =0 时。无论 $\overline{LT}$ 和输入 A、B、C、D 为何种状态，译码器输出均为高电平，使共阳极七段数码管熄灭。

（3）$\overline{RBI}$：灭 0 输入，是为了使不希望显示的 0 熄灭而设置的。当对每位 A=B=C=D=0 时，本应显示 0，但在 $\overline{RBI}$ =0 作用下，使译码器输出全为 1。其结果和加入灭灯信号的结果一样，将 0 熄灭。

（4）$\overline{RBO}$：灭 0 输出，它和灭灯输入 $\overline{BI}$ 共用一端，两者配合使用，可以实现多位数码显示的灭 0 控制。

5.6 常用 TTL 数字集成电路引脚排列

5.6.1 74LS00 四二输入与非门

74LS00 为四组二输入端与非门（正逻辑），其外引线排列图如图 5-12 所示。

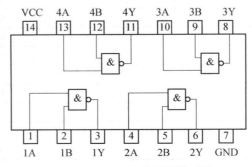

图 5-12 74LS00 外引线排列图

5.6.2　74LS20 双四输入与非门

74LS20 为两组四输入端与非门（正逻辑），其外引线排列图如图 5-13 所示。

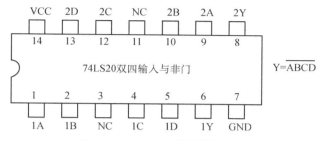

图 5-13　74LS20 外引线排列图

5.6.3　CD4042 锁存触发器

CD4042 是 CMOS 四-D 锁存器，共有 16 个引脚，其中 D0、D1、D2、D3 为数据输入端，Q0、Q1、Q2、Q3 为数据输出端，CP 为时钟脉冲，POL 为时钟脉冲极性控制。

图 5-14 所示为 CD4042 外引线排列图，表 5-3 所示为 CD4042 功能表。

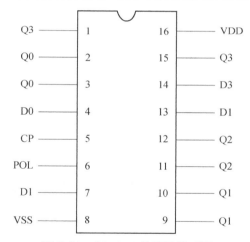

图 5-14　CD4042 外引线排列图

表 5-3　CD4042 功能表

POL	CP	Di	Qi
0	0	0	0
0	0	1	1
0	┌┘	φ	锁存
1	1	0	0
1	1	1	1
1	┐└	φ	锁存

5.6.4　74LS161 二进制同步加计数器

74LS161 是 4 位二进制同步加计数器，CP 为时钟输入端，D0～D3 为 4 个数据输入端，清 0 端为 $\overline{CR}$，使能端为 CT_p 和 CT_T，置数为 $\overline{LD}$，数据输出端为 Q0～Q3，其引脚排列图如图 5-15 所示，表 5-4 所示为 74LS161 二进制同步加计数器的功能表。

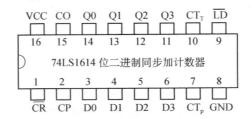

图 5-15　74LS161 二进制同步加计数器引脚排列图

表 5-4　74LS161 二进制同步加计数器的功能表

输　入									输　出			
CP	$\overline{CR}$	$\overline{LD}$	CT_p	CT_T	D0	D1	D2	D3	Q0	Q1	Q2	Q3
*	0	*	*	*	*	*	*	*	0	0	0	0
↑	1	0	*	*	D0	D1	D2	D3	D0	D1	D2	D3
*	1	0	*	*	D0	D1	D2	D3	保持			
*	1	1	0	*	*	*	*	*	保持			
↑	1	1	1	1	*	*	*	计数				

5.7　实训项目

5.7.1　人体感应路灯节电控制器的制作

1．用途、功能

人体感应路灯节电控制器为全自动，不仅在白天能自动熄灭，而且在夜间有人经过时路灯才点亮。当人走后延迟一段时间，路灯又自动熄灭。

2．实训目的

（1）掌握 555 定时器构成的单稳态电路、施密特触发器的实际应用。通过人体感应路灯熟悉使用 555 定时器构成的单稳态电路。
（2）熟悉 555 定时器控制端的功能和作用。
（3）掌握数字电路的基本设计方法，学会调试数字电路。

3．实训原理说明

人体感应路灯光控电路如图 5-16 所示，人体感应电路如图 5-17 所示，电气原理图如图

5-18 所示。它由电源电路、光控电路、人体感应电路、路灯模拟电路组成。

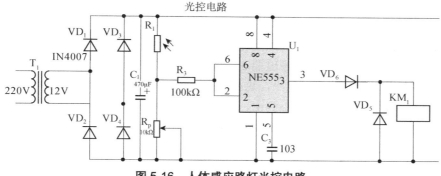

图 5-16　人体感应路灯光控电路

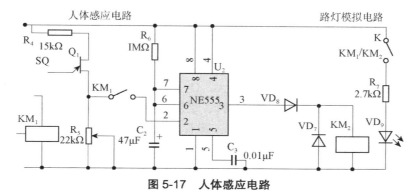

图 5-17　人体感应电路

图 5-18　电气原理图

（1）电源电路。

220V 交流电经变压器变为 12V 交流电，再经桥式整流成脉动直流电，又经滤波电容滤成平滑的直流电，供给光控电路、人体感应电路及路灯模拟电路使用。

（2）路灯模拟电路。

发光二极管经限流电阻，由继电器常开触头控制点亮或熄灭。

（3）光控电路。

利用光敏电阻在有无光照时阻值的不同使定时器 NE555 双稳态不同的输出电压控制继电器动作，用其常开触头控制人体感应定时器 NE555 单稳态的触发电平。

（4）人体感应电路。

利用场效应管在有人或无人接近时（感应）时，漏极、源极间阻值的不同和定时器 NE555 单稳态的不同输出电压控制感应继电器的动作，同其常开触头一起控制路灯模拟电路，实现路灯和光感自动控制，并且由定时器暂态阻容元件值确定路灯延迟点亮时间。

为了实现白天和夜晚两种不同光照情况，定时器 U_1 选择双稳态（施密特）电路。在夜晚，人走后，为了使路灯延时照明，定时器 U_2 选择单稳态电路。

在白天，电阻器 R_1 受到光线照射，阻值变小，在电阻器 R_1 与 R_p 的分压作用下，U_1 的输入端 2 引脚和 6 引脚均为高电平，输出端 3 引脚为低电平，KM_1 不动作，其常开触点切断 U_2 的 2 引脚，故 U_2 的 3 引脚输出低电平，这样白天有人经过感应器时路灯也不会亮。

从白天到傍晚，光敏电阻值由小到中，从夜晚到黎明，光敏电阻值由大到中，U_1 的 2、6 引脚电平在 $V_{CC}/3 \sim 2V_{CC}/3$ 之间，虽然 U_1 内电压比较器值有变化，但不能造成状态翻转，所以傍晚和黎明时，输出不变，维持原路灯的灭或亮的状态。

当进入夜间时，光敏电阻不受光线的照射，阻值变大，在电阻器 R_1 与 R_p 的分压作用下，U_1 的输入端 2 引脚和 6 引脚均为低电平，输出端 3 引脚为高电平，KM_1 动作，其常开触点使 U_2 的 2 引脚闭合。如果无人经过 SQ，则 VT 的漏极、源极间阻值较小，U_2 的输入端 2 引脚的电位高于 $V_{CC}/3$，呈高电平状态，U_2 处于单稳态，其输入端 3 引脚为低电平，KM_2 线圈无电流通过，继电器不动作，路灯也不亮。当有人经过 SQ 时，VT 因人体感应电压加至栅极而瞬间关断，VT 的漏极、源极间阻值变得很大，U_2 的 2 引脚电位变得低于 $V_{CC}/3$，触发由 U_2 组成的单稳电路翻转，进入暂稳态，则 U_2 的 3 引脚输出高电平，继电器 KM_2 吸合，继电器动作，其常开触头接通路灯模拟电路，发光二极管点亮。

在电路中，电阻器 R_6 和电容器 C_2 的数值决定暂稳保持时间（即路灯点亮时间）。这样就实现了白天路灯不亮，夜晚有人经过时，路灯自动点亮，人走后，经一定的时间，路灯又自动熄灭。这从根本上杜绝了长明灯和半长明灯，使路灯耗电很低，达到节约用电的目的。感应灵敏度取决于电阻器 R_5 的阻值。当电路进行良好接地时，其感应距离可达 1.5m。也就是说，当人在距感应距离 $1 \sim 1.5$m 的地方经过时，路灯会自动点亮。

4. 实训步骤

（1）测量各元器件的参数。

（2）按原理图搭建电路。

（3）调试电路。

（4）如果人走后灯需要很长一段时间才能熄灭，可通过调节 R_6、C_2 来改变延迟时间。

5. 实训设备和元器件列表

（1）万用表、电源、示波器。

（2）元器件列表如表 5-5 所示。

表 5-5 元器件列表

名　称	型　号	标　称　值	数　量	电路中的符号	备　注
电阻器	RT/RJ	15kΩ	1	R_4	1/8W
		1MΩ	1	R_6	
		100kΩ	1	R_3	
电位器	WH3	10kΩ	1	R_p	
	WHX-1	22kΩ	1	R_5	

名　　称	型　　号	标 称 值	数　量	电路中的符号	备　注
电容器	CD11	470μF	1	C_1	25V
	CT1	0.01μF	1	C_3	
	CD11	47μF	1	C_2	
二极管	IN4007		7	$VD_1 \sim VD_8$	
光敏二极管	2CU2B		1	R_1	
场效应管	3DJ6		1	SQ	
芯片 NE555			2	U_1、U_2	
继电器	JQX-10		2	KM_1、KM_2	
变压器		220V/12V	1	T_1	1W
LED			1	VD_9	

6. 制作与调试

感应器 SQ 选用薄金属板或裸体金属线（如细铁线）制作。感应器的面积（或裸体金属线的长度）不宜过大，应根据欲照亮的走廊或过道宽度实验确定。

光敏电阻可装在一个玻璃罩内，受光面面对外界。它宜安装在室外，直接由室外的自然光进行监控，不能接收外界其他非自然光（如灯光）的照射，此外还要注意避雨，可将它装在一个透明的塑料盒内。

当走廊两端有进出口时，为达到人从两端进入时灯均能自动点亮的目的，感应器应分别装在走廊或过道两端进出口的墙壁上。如果走廊或过道只有一个进出口，可用一条细的裸体金属线沿走廊或过道的墙壁布置，这样即可保证从每个房间走出的人，都会使灯自动点亮。感应板（或线）距离地面 0.6～0.8m。当走廊或过道宽度大于 2m 时，应在走廊或过道两侧墙壁上布置感应板或感应线。

调试时，调节 R_5，可以达到改变感应灵敏度的目的。调节 R_6 和 C_2 可以改变灯的照明时间。

5.7.2　四路智力抢答器的设计

在进行智力竞赛时，需要反应及时准确、显示清楚的定时抢答器。因为通常是多组参加竞赛，所以定时抢答器应包括一个总控制端和多个具有显示和抢答器的终端。

1. 设计任务

本项目要求学生以中规模数字集成电路为主，设计多路抢答器。

2. 设计目的

（1）熟悉集成电路芯片的引脚安装。
（2）掌握各芯片的逻辑功能及使用方法。
（3）了解面包板结构及其接线方法。
（4）了解组合逻辑电路的设计过程。
（5）熟悉四路智力抢答器的设计与制作。

3. 设计要求

（1）设计一个抢答器，可同时提供 4 名选手参加比赛，按钮的编号为 1、2、3、4。

（2）给主持人设置一个控制开关，用来控制系统的清 0 复位。

（3）抢答器具有数据锁存、显示和声音提供功能。主持人将系统复位后，参赛者按抢答器开关，该组指示灯亮，并且显示抢答者的序号，同时发出报警声音（当有人抢答时，有 3s 左右的声音提示）。

（4）抢答器具有定时抢答的功能，抢答时间可预设（暂定为 30s），当主持人启动开始键后，定时器开始计数并显示。参赛选手在设定时间内进行抢答，如果设定时间到无人回答，定时器发出短暂的声响，本次抢答无效，封锁输入电路，禁止选手超时后抢答。

（5）抢答器具有答题限时功能，选手抢答成功后，选手的答题时间可预设（暂定为 60s），参赛选手需要在规定时间内答题完毕，如果规定时间到，答题没有结束，定时器发出短暂的声响，本次抢答无效，封锁输入电路，禁止选手超时答题。

4. 设计框图

四路智力抢答器设计框图如图 5-19 和图 5-20 所示。

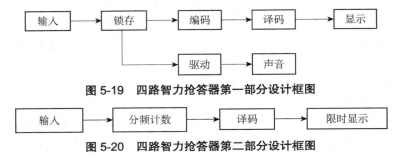

图 5-19　四路智力抢答器第一部分设计框图

图 5-20　四路智力抢答器第二部分设计框图

5. 设计内容

（1）设计步骤。

①组装信号输入和锁存电路。测试选手抢答和主持人复位的过程。

②完成编码、译码和显示电路。测试选手抢答时编码、译码和显示电路是否正常工作，如果抢答时显示台位不正常，试分析故障原因并改正。

③完成声音报警电路。

④组装调试秒脉冲产生电路。注意，555 定时器是模数混合的集成电路，为防止它对数字电路产生干扰，在布线时，555 定时器的电源、地线应与数字电路的电源、地线分开走线。

⑤组装、调试计数器与译码显示电路。输入脉冲信号，观察计算的过程。

⑥完成电路第一部分和第二部分的组合。用组合逻辑电路设计的方法来实现电路的组合部分。

⑦完成电路的整体联调，检查电路是否能够满足系统的设计要求。

⑧画出逻辑电路图，写出完整的总结报告。

（2）主要元器件（参考）。

锁存器 CD4042、四二输入与非门 74LS00、字段译码器 74LS47、二四输入与非门 74LS20、555 定时器。

（3）设计报告要求

①题目要求。

②选择设计方案，画出总电路原理框图，叙述设计思路。

③单元电路设计及原理分析。

④提供参数计算过程和选择器件依据。

⑤记录调试过程，对调试过程中遇到的故障进行分析。

⑥记录测试结果，并进行简要说明。

⑦设计过程的体会与创新点、建议。

⑧主要元器件清单。

5.8   思考题

1. 继电器如何选用？线圈、常开及常闭触点如何判断？

2. 整流桥极性如何判断？如何检测整流桥的好坏？

3. 555 定时器的高、低触发电压是多少？

4. 如何用 555 定时器构成单稳态电路？

5. 555 定时器构成的单稳态电路暂态时间计算公式？

6. 555 定时器构成多谐振荡器的周期计算？构成周期为 1s 的电路如何选取合适的元器件？

7. 理解 74lS47、74lS00、74lS20、74lS161 功能表。

8. 光敏电阻好坏的判断？

9. 场效应管极性及其好坏的判断？

第6章 电子产品调试工艺

由于电子元器件参数的分散性和装配工艺的局限性，使得安装完毕的电子产品不能达到设计要求的性能指标，需要通过测试和调整来纠正，使其达到预期的功能和技术指标，这就是电子产品的调试。

6.1 调试工艺过程

电子产品调试包括3个阶段：研制阶段调试、工艺方案设计调试、生产阶段调试。

1. 研制阶段调试

在研制阶段，电子元器件选型不固定、电路设计不成熟，这会给调试工作带来一定的困难，因此在调试过程中经常要用可调换的元器件来替代，以调整电路参数，并且要确定调试的具体内容、方法、测试点、测试环境和使用仪器等。

2. 工艺方案设计调试

工艺方案设计调试一般包括以下5部分内容。

（1）确定调试项目及每个项目的调试步骤、方法。

（2）合理安排调试工艺流程。

（3）合理安排调试工序之间的衔接。

（4）调试环境和调试设备的选择。

（5）调试工艺文件的编制。

3. 生产阶段调试

在生产阶段，产品设计已经定型，这个阶段的调试质量和效率取决于操作人员对调试工艺的掌握程度和调试工艺过程是否合理。

（1）调试人员的技能要求。

① 掌握被调试产品整机电路的工作原理，了解其性能指标和测试条件。

② 熟悉各种仪器的性能指标及其使用环境要求，并且能熟练操作使用。

③ 懂得电路多个项目的正确测量和调试方法，并且能进行数据处理和记录。

④ 懂得总结调试过程中常见的故障，并且能设法排除。

⑤ 严格遵守安全操作规程。

（2）生产调试工艺的大致过程。

电子产品调试工艺过程如图6-1所示。

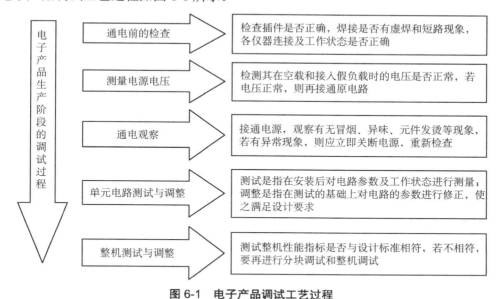

图6-1 电子产品调试工艺过程

在第4步"单元电路测试与调整"中，比较理想的调试程序是按信号的流向进行调试的，这样可以把前面调试过的输出信号，作为后一级的输入信号，为最后联机调试创造条件。

在第5步"整机测试与调整"中，比较理想的调试程序是，程序事先调试各功能板后再组装在一起调试。

6.2 调试的内容

调试包括测试和调整两个方面。测试是指在安装后对电路的参数及工作状态进行测量，调整是指在测试的基础上对电路的参数进行修正，使之满足设计要求。为了使调试顺利进行，设计的电路图上应标出各点的电位值、相应的波形图及其他数据。

6.2.1 静态测试与调整

静态测试与调整一般是指在没有外加信号的条件下测试电路各点的电位，将测出的数据与设计的数据进行比较，若与设计数据不符则分析原因，并且进行适当调整。

1. 供电电源静态电压的测试

电源电压是各级电路静态工作点是否正常的前提，若电源电压不正确，静态工作点电压也就不正确。电源电压若起伏较大，最好先不要接入电路，待电源、电压输出正常后再接入电路，测量其空载和接入负载时的电压。

2. 单元电路总电流的测试

通过测量各单元电路的静态工作电流，即可知道单元电路的工作状态。若电流偏大，则说明电路中有短路或漏电现象；若电流偏小，则电路供电有可能出现开路现象，或者电路有可能没有工作。

3. 三极管静态电压、电流测试

第一，测量三极管的三极对地电压，即 U_B、U_C、U_E，以此来判断三极管的工作状态（放大、饱和、截止）。例如，测出 U_C=0.3V、U_B=0.7V、U_E=0V，则说明三极管处于饱和导通状态，看该状态是否与设计相同，若不相同，则要对基极偏置进行适当调整。

第二，测量三极管集电极的静态电流，测量方法有以下两种。

（1）直接测量法：把集电极焊接点断开，串入万用表，用电流挡测量其电流。

（2）间接测量法：测量三极管集电极电阻或发射极电阻的电压，然后根据欧姆定律 $I=U/R$ 计算出集电极的静态电流。

4. 集成电路静态工作的测试

（1）集成电路静态工作电压的测量。在排除外围元件损坏的情况下，集成电路各引脚的对地电压基本反映了其内部工作状态是否正常。集成电路内的元器件都要封装在一起，无法进行调整，只要将所测得电压与正常电压进行比较，即可做出正确判断。

（2）集成电路静态工作电流的测量。有时集成电路虽然工作正常，但发热严重，说明其功耗偏大，这是静态工作电流不正常的表现，因此要测量其静态工作电流。测量时可断开几层电路供电引脚，串入万用表，使用万用表的电流挡来测量。若是双电源供电（即正负电源），则必须分别测量。

5. 数字电路逻辑电平的测量

一般情况下，数字电路只有高、低两种电平，如 TTl 与非门电路 0.8V 以下为低电平，1.8V 以上为高电平。电压在 0.8～1.8V 范围内电路状态是不稳定的，因此该电压范围是不允许的。数字电路不同，高、低电平界限也有所不同，但相差不多。

在测量数字电路的静态逻辑电平时，先在输入端加高电平或低电平，然后再测量各输出端的电压是高电平还是低电平，并做好记录。测量完毕后，判断其是否符合该数字电路的逻辑关系。若不符合，则要对电路各引脚进行一次详细的检查，或者更换该集成电路。

6.2.2 动态测试与调整

动态测试与调整一般是指加入信号后，测量晶体管或集成电路等的动态工作电压、波形及幅值和频率、放大倍数、动态输出功率、动态范围等。

1. 动态工作电压的测试

该测试内容包括三极管 B、C、E 极和集成电路各引脚对地的动态工作电压。动态工作电压与静态工作电压都是判断电路是否正常工作的重要依据。例如，有些振荡电路，当电路起振时，测量 U_{BE} 直流电压，万用表指针会出现反偏转现象，利用这一点可以判断振荡电路是否起振。

2. 电路波形及幅值和频率的测试

波形的测试与调整在调试和排除故障的过程中是一个相当重要的环节，几乎每个整机电路中都有波形产生或波形处理变换的电路。为了判断电路过程是否正常，是否符合技术要求，需要经常用示波器观测各被测电路的输入、输出电压或电流波形，并且加以分析。对于不符合技术要求的，要通过调整电路元器件的参数，使之达到预定的技术要求。如果测量点没有波形或波形失真，应重点检查电源、静态工作点、测试电路的连线等。

3. 频率特性的测试

频率特性是指一个电路对于不同频率、相同幅值的输入信号（通常是电压）在输出端产生的响应。它是电子电路中的一项重要技术指标。测试电路频率特性的方法一般有两种，即信号源与电压表测量法和扫频仪测量法。

（1）信号源与电压表测量法。这种方法是指在电路输入端加一些不同频率的等幅正弦波信号，并且每加入一个频率的正弦波信号就测量一次输出电压，然后根据频率与电压的关系得到幅频特性曲线。功率放大器常用这种方法测量其频率特性。

（2）扫频仪测量法。把扫频仪一个输入端和输出端分别与被测电路输出端和输入端连接，在扫频仪的显示屏上显示电路的输出电压幅值对各输入信号频率点的响应曲线。采用扫频仪测试频率特性具有测试简便、迅速、直观、易于调整等特点，因此它常用于各种中频特性调试、带通调试等。例如，收音机的调幅 465kHz 和调频 10.7MHz 常用扫频仪（或中频特性测试仪）来调试。

6.2.3　电路调整方法

在测试的过程中，可能需要对某些元件的参数进行调整，调整方法一般有以下两种。

1. 选择法

通过替换元件来选择合适的电路参数（性能或技术指标）。在电路原理图中，元件的参数旁边通常标有"*"号，表示需要在调整后才能准确选定。

2. 调节可调元件法

电路中已经装有调整元件，如电位器、微调电容或微调电感等。该方法的优点是调节方便。电路工作一段时间后，如果状态发生变化，可以随时调整电路中的可调元件，但可调元件的可靠性差，体积也比固定元件大。

上述两种方法均适用于静态调整和动态调整。静态调整的内容较多，适用于产品研制阶段或初学者试制电路。在生产阶段的调整，为了提高生产效率，往往只做有针对性的调整，主要以调节可调元件为主。对于不合格的电路，也只检查有没有短路或断线等故障；若不能排除故障，则应立即标明故障现象，再转向维修部门进行维修，这样才不会耽误生产线的运行。

6.3　整机调试

整机调试是把所有经过静态和动态调试的各部件组装在一起进行的有关测试，它的主要目的是使电子产品完全达到原设计的技术指标和要求。整机调试的基本原则是先调试机械部分后调试电气部分。对于机械部分，应先小后大，先内后外；对于电气部分，应先静态后动态，先单元后整体，先调试基本指标后调试整体指标。对于存在有相互影响的技术指标要放在最后调试，调试过程是循序渐进的过程。

6.3.1 整机电路的调试内容

1. 整机电路各点电阻值的测试

整机电路各点电阻值的测试是设备通电前测试的一项很重要的内容。通过对电路中各点电阻值的测量，可以发现电路中是否有短路、开路和元器件损坏等故障。例如，对电路中集成块各个引脚电阻值的在线测量、对电路中各个接线端子电阻值的在线测量和对电路中重要信号点的测量等。在线电阻值的测量一般都是该点对电路地的测量。

2. 静态调试

静态工作点是电路正常工作的前提。因此，单元电路通电后，应先测量、调整工作点。静态调试就是在无输入信号的工作状态下，调整某些元器件使其工作在静态工作点。例如，测量晶体管三个电极的对地电压 U_C、U_B、U_E 以确定其工作状态；测量集成器件各引脚电压，如 U_{CC}、U_{EE}、U_{DD}、U_{SS} 等直流电压值，以确定集成器件的工作是否正常。

3. 动态调试

当整机电路的静态参数正常时，即可进行整机动态调试。动态调试主要是对信号通道的测量，如果发现有问题一般是由于电路极间耦合不良及信号传输不好或振荡电路停振等原因引起的。此时可根据测量结果逐级检查信号通道，分析信号参数的变化，再根据实际情况进行处理，并且调试正常。

4. 简单电路调试

对于小型的整机，如稳压电源、收音机等比较简单的产品，其调试程序比较简单：焊接和安装完成后，一般可直接进行整机调试。

5. 单元电路板调试

比较复杂的整机一般由若干单元电路板和机械部分组成。一般的调试程序是先对单元电路板、组装部件、机械结构等进行调试，达到技术指标要求后，再进行总调。单元电路板调试是对具有一定功能的单块印制板或局部电路进行的初步调试，使其达到与之相适应的技术指标。具有电源的电路板，原则上先进行电源部分的调试，然后再进行其余部分的调试。

6. 整机电路调试

整机电路调试是指单块或多块印制板与有关元器件组装成整机后的测试和调整，通常是通过监测电路中的关键测试点，调节可调元件已达到整机技术指标的要求。

6.3.2　整机调试方法

一种方法是边安装边调试，也就是把复杂电路按原理框图上的功能分块进行安装和调试，在分块调试的基础上逐步扩大安装和调试的范围，最后完成整机调试。对于新设计的电路，一般采用这种方法，以便及时发现问题并加以解决。

另一种方法是整个电路安装完毕，实行一次调试。这种方法一般适用于定型产品和需要相互配合才能运行的产品。如果电路中包括模拟电路、数字电路和微机系统，一般不允许直接连用。不仅它们的输入电压和波形各异，而且对输入信号的要求也各不相同。如果将它们盲目地连接在一起，可能会使电路出现不应有的故障，甚至导致元器件大量损坏。因此，一般情况下要求把这三部分分开，按设计指标对各部分分别加以调试，再经过信号及电平转换电路后实现整机联调。

6.3.3　调试步骤

1. 通电观察

把经过准确测量的电源电压加入电路（先关断电源开关，待接通连线后再打开电源开关）。电源通电后不要急于测量数据和观察结果，首先要观察有无异常现象，包括有无冒烟、是否闻到异常气味、手摸元器件是否发烫、电源是否有短路现象等。如果有异常，应立即关断电源，待排除故障后方可重新通电。然后再测量各元器件引脚的电源电压，而不只是测量各路的总电源电压，以保证元器件正常工作。

2. 分块调试

分块调试是指把电路按功能分成不同的部分，把每部分看作一个模块进行调试。在分块调试的过程中逐渐扩大调试范围，最后实现整机调试。比较理想的调试顺序是按照信号的流向进行调试，这样就可以把前面调试过的输出信号作为后一级的输入信号，为最后的联调创造条件。分块调试包括静态调试和动态调试。静态调试一般是指在没有外加信号的条件下测试电路各点的电位，如模拟电路的静态工作点、数字电路的各输入端和输出端的高/低电平值及逻辑关系等。通过静态调试可以及时发现已损坏和处于临界状态的元器件。动态调试既可以利用前级的输出信号作为本功能块的输入信号，也可以利用自身的信号检查功能块的各种指标是否满足设计要求，包括信号幅值、波形、相位关系、频率、放大倍数等。对于信号产生的电路，一般只看动态指标。把静态和动态调试的结果与设计的指标加以比较，经深入分析后对电路的参数提出合理修正。

3. 整机调试

在分块调试过程中，逐步扩大调试范围，实际上已经完成了某些局部联调工作。接下来做好各功能块之间接口电路的调试工作，再把全部电路接通，即可实现整机调试了。整机调试只需观察动态结果，就是把各种测量仪器及系统本身显示部分提供的信息与设计指标逐一对比，找出问题，然后进一步修改电路的参数，直到完全符合设计要求为止。调试过程中不能凭感觉和印象，要始终借助仪器观察。在使用示波器时，最好把示波器的信号输入方式置于"DC"挡，它是直流耦合方式，可同时观察被测信号的交流、直流成分。被测信号的频率应处在示波器能够稳定显示的范围内，如果频率太低，观察不到稳定波形，应改变电路参数后再测量。

4. 系统精度及可靠性测试

系统精度是设计电路时很重要的一个指标。如果是测量电路，被测元器件本身应由精度高于测量电路的仪器进行测试，然后才能作为标准元器件接入电路校准精度。例如，电容量测量电路，校准精度时所用的电容不能用标称值计算，而要经过高精度的电容表测量其准确值后，才可以作为校准电容。对于正式产品，应从以下几个方面进行可靠性测试。

（1）抗感染能力。

（2）电网电压及环境温度变化对装置的影响。

（3）长期运行实验的稳定性。

（4）抗机械振动的能力。

5. 注意事项

（1）调试之前要先熟悉各种仪器的使用方法，并且仔细检查，以避免由于仪器使用不当或出现故障而做出错误判断。

（2）测量用仪器的地线和被测电路的地线连在一起，只有在仪器和电路之间建立一个公共参考点后，测量的结果才是正确的。

在调试过程中，当发现元器件或接线有问题需要更换或修正时，应先关断电源，更换完毕并经认真检查后才可重新通电。

（3）在调试过程中，不但要认真观察和测量，还要善于记录，包括记录观察的现象、测量的数据、波形及相位关系，必要时在记录中附加说明，尤其是那些和设计不符的现象更是记录的重点。只有依据记录的数据才能把实际观察的现象和理论预计的结果加以定量比较，从中发现电路设计和安装上的问题，加以改进，以进一步完善设计方案。

安装和调试要有严谨的科学作风，不能存在侥幸心理。当出现故障时要求认真查找故障原因，仔细做出判断，切不可一遇到解决不了的故障就拆掉线路重新安装。重新安装的线路仍然可能存在各种问题，而且原理上的问题不是重新安装就能解决的。

6.4 测试与检测仪器

6.4.1 检查电路接线

电路安装完毕不要急于通电，先要认真检查电路接线是否正确，包括错线、少线和多线。在调试过程中，人们常常会产生错觉，认为问题是元器件故障造成的。为了避免做出错误诊断，通常采用两种查线方法：一种方法是按照设计的电路图检查安装线路，即把电路图上的连线按一定顺序在安装好的线路中逐一对应检查，这种方法比较容易找出错线和少线；另一种方法是按照实际线路来对照电路原理图，把每个元器件引脚连线的去向一次查清，检查每个去处在电路图中是否都存在，这种方法不但可以查出错线或少线，还可以很容易地查出是否多线。无论采用哪种方法查线，一定要在电路图上给查过的线做出标记，并且还要检查每个元器件引脚的使用端是否与图纸相符。查线时，最好使用指针式万用表的 R×1 挡，或者使用数字式万用表的蜂鸣器来测量，而且要尽可能直接测量元器件的引脚，这样可以同时发现接触不良的地方。

通过直观检查也可以发现一些明显错误：电源、地线、信号线、元器件引脚之间是否短路；连接处是否接触不良；二极管、三极管、电解电容等引脚是否接错。

6.4.2　调试所用仪器

1. 数字式万用表或指针式万用表

万用表可以很方便地测量交流电压、直流电压、电流、电阻及晶体管参数等。特别是数字式万用表具有精度高、输入阻抗高、对负载影响小等优点。

2. 示波器

用示波器可以测量直流电位，正弦波、三角波和脉冲等波形信号参数。用双踪示波器还可以同时观察两个波形信号的相位关系，这在数字系统中是比较重要的。因为示波器的灵敏度高、交流阻抗高，故其对负载的影响小。调试中所用的示波器频率一定要大于被测信号的频率，但对于高阻抗电路，示波器的负载效应也不可忽视。

3. 信号发生器

因为经常要在加信号的情况下进行测试，所以在调试和诊断故障时最好备有信号发生器。这是一种多功能的宽频带函数发生器，可产生正弦波信号、三角波信号、方波信号及对称性可调的三角波信号和方波信号。必要时，自己可用元器件制作简单的信号发生器，如单脉冲发生器、正弦波或方波等信号发生器。

以上 3 种仪器是调试和故障诊断时必不可少的，3 种仪器配合使用，可以提高调试及故障诊断的速度。根据被测电路的需要，还可以选择其他仪器，如逻辑分析仪、频率仪等。

6.5　电路故障分析与排除方法

在电子技术实践与训练中，出现故障是常有的事。查找和排除故障，对全面提高电子技术实践能力十分有益。但是，初学者往往在遇到故障后束手无策，因此了解和掌握检查及排除故障的基本方法是十分必要的。

下面介绍在实验室条件下，对电子电路中的故障进行检查和诊断的基本方法。

6.5.1　常见检查方法

1. 直观检查法

通过视觉、听觉、触觉来查找故障部位是一种简单、有效的方法。

（1）静态观察法。

检查接线，在面包板上接插电路时，接错线引起的故障占很大比例，有时还会损坏元器件。当发现电路有故障时，应对照安装接线图检查电路的接线有无漏线、断线和错线，特别要注意检查电源线和地线的接线是否正确。为了避免和减少接线错误，应在实验前画出正确的安装接线图。

（2）动态观察法。

通电后听下有无打火声等异常声响；闻下有无焦煳异味出现；摸下晶状体管壳是否冰凉或烫手，集成电路是否温度过高。听到、摸到、闻到异常时应立即断电。电解电容器极性接反时可能会爆炸；漏电大时，介质损耗将增大，也会使温度上升，甚至使电容器胀裂。

2. 测量法

（1）电阻法。

用万用表测量电路电阻和元件电阻来发现和寻找故障部位，注意应在断电条件下进行。

通断法：用于检查电路中的连线是否断路，元器件引脚是否虚连。要注意检查是否有不允许悬空的输入端未接入电路，尤其是 CMOS 电路的任何输入端都不能悬空。一般使用万用表的 R×1 或 R×10 挡进行测量。

测阻值法：用于检查电路电阻元件的阻值是否正确；检查电容器是否断线、击穿和漏电；检查半导体是否击穿、开断及各结的正、反向阻值是否正常等。检查二极管和三极管时，一般用万用表的 R×100 或 R×1k 挡进行测量。检查大容量电容器（如电解电容器）时，应先用导线将电解电容器的两端短路，释放电容器中的存储电荷后，再检查电容器有没有被击穿或漏电是否严重，否则可能会损坏万用表。测量阻值时，如果是在线测试，还应考虑被测元器件与电路中其他元器件的等效并联关系，当需要准确测量时，元器件的一端必须与电路断开。

（2）电压法。

用电压表的直流挡检查电源、各静态工作点电压、集成电路引脚的对地电位是否正确，也可用交流电压挡检查有关交流电压值。测量电压时，应注意电压表内阻及电容对被测电路的影响。

（3）示波法。

通常在电路输入信号的前提下进行检查，这是一种动态测试法。用示波器观察电路有关各点的信号波形，以及信号各级的耦合、传输是否正常，由此来判断故障所在部位，这是在电路静态工作点处于正常的条件下进行的检查。

（4）电流法。

用万用表测量晶体管和集成电路的工作电流、各部分电路的分支电流及电路总负载电流，以判断电路及元器件是否工作正常。这种方法在面包板上应用不多。

3. 替代法

对于怀疑有故障的元器件，可用一个完好的元器件替代，置换后若电路工作正常，则说明原有元器件或插件板存在故障，可进一步检查测定。对于连接线层次较多、功率大的元器件及成本较高的部位不宜采用此方法。对于集成电路，可用同一芯片上相同的电路来替代怀疑有故障的电路。有多个输入端的集成器件，当在实际使用中有剩余输入端时，则可换用其余输入端进行实验，以判断原输入端是否有问题。

4. 分隔法

为了准确地找出故障发生的部位，还可以通过拔去某些部分的插件和切断部分电路间的联系来缩小故障范围，分隔出故障部位。如果发现电源负载短路，可分区切断负载，检查出短路的负载部分；或者通过关键点的测试，把故障范围分为两部分或多部分，通过检测排除或缩小可能的故障范围来找出故障点。采用上述方法，应保证拔去或断开部分电路不会造成关联部分的工作异常及损坏。

6.5.2 故障分析与排除

当不能直接、迅速地判断故障时，可采用逐级检查方法逐步孤立故障部位。逐步孤立法分析与排除故障的步骤如下。

1. 判断故障级

判断故障级时，可采用以下 3 种方式。

（1）由前向后逐级推进，寻找故障级。从第一级输入信号开始，用示波器或电压表逐级测试其后各级的输出信号，当发现某一级的输出波形不正确或没有输出时，故障就发生在该级电路，这时可将极间电路连线或耦合电路断开，进行单独调试，即可判断故障级。模拟电路一般加正弦波信号，数字电路可根据功能的不同输入方波形信号、单脉冲信号或高、低电平。

（2）由后向前逐级推进，寻找故障级。可在某级输入端加信号，测试其后各级的输出信号是否正常，无故障则往前级推进。在某级输入信号不正常时，处理方法与方式（1）相同。

（3）由中间级直接测量工作状态或输出信号，由此判断故障是在前半部分还是在后半部分，这样一次测量可排除一半电路，然后再对有故障的另一半电路从中间切断测量。这种方法可使孤立故障的速度加快，对于多级放大电路尤为有效。

2. 寻找故障的具体部位或元器件

故障级确定后，寻找故障的具体部位可按以下步骤进行。

（1）检查静态工作点。

既可按电路原理图所给定的静态工作点进行对照测试，也可根据电路元器件的参数值进行估算后测试。

以晶体管为例，对于线性放大电路，可根据

$$U_C=（1/2\sim1/3）U_{CC}，U_E=（1/6\sim1/4）U_{CC}$$
$$U_{BE}（硅）=（0.5\sim0.7）V，U_{BE}（锗）=（0.2\sim0.3）V$$

来估算和判断电路的工作状态是否正常。

对于开关电路，如果三极管应处于截止状态，则根据 U_{BE} 电压加以判断，它应处于正偏或反偏状态；如果三极管应处于饱和状态，则 $U_{CE}<U_{BE}$。若工作点的值不正常，可检查该级电路的接线点及电阻、三极管是否完好，查出故障所在点。若仍不能找出故障，应进行动态检查。对于数字电路，如果无论信号输入如何变化，输出一直保持高电平不变，则可能是被测集成电路的地线接触不良或未接地线。如果输出信号的变化规律和输入的相同，则可能是集成电路未加上电源电压或电源接触不良。

（2）动态检查。

在输入端加入检查信号，用示波器观察测试各级、各点的波形，并且与正常波形对照，根据电路工作原理判断工作点。

3. 更换元器件

拆下元器件后，应先测试其损坏程度，并且分析其故障原因，同时检查相邻的元器件是否也有故障。在确认无其他故障后，再动手更换元器件。更换元器件应注意以下事项。

（1）更换电阻器应采用同类型、同规格（同阻值和同功率级）的电阻器，一般不可用大功率等级替换，以免电路失去保护功能。

（2）对于一般退耦、滤波电容器，可用同容量、同耐压或高容量、高耐压电容器替换。对于高、中频回路电容器，一定要用同型号瓷介电容器或高频介质损耗及分布电感相近的其他电容器替换。

（3）集成电路应采用同型号、同规格的芯片替换。对于型号相同但前缀或后缀字母、数字不同的集成电路，应查找有关资料，搞明白其意义后方可使用。

（4）晶体管的替换，尽量采用同型号、参数相近的晶体管。当使用不同型号的晶体管替换时，应使其主要参数满足电路的要求，并适当调整电路相应元器件的参数，使电路恢复正常工作状态。

6.6　思考题

1. 简述调试工作所包含的内容。
2. 简述整机调试的步骤和方法。
3. 如何正确选择和使用调试仪器？
4. 简述查找和排除故障的步骤和方法。
5. 简述生产阶段调试时对调试人员的技能要求。

参 考 文 献

［1］康华光，陈大钦. 电子技术基础模拟部分第五版[M]. 北京：高等教育出版社，2005.
［2］康华光，邹寿彬. 电子技术基础数字部分第五版[M]. 北京：高等教育出版社，2005.
［3］高吉祥. 电子技术基础实验与课程设计[M]. 北京：电子工业出版社，2002.
［4］李钊年. 电工电子学[M]. 北京：国防工业出版社，2013.
［5］李文秀. 电工电子实验教程[M]. 北京：国防工业出版社，2013.
［6］申文达. 电工电子技术系列实验[M]. 北京：国防工业出版社，2011.
［7］高文焕，张尊侨，徐振英，金平. 电子技术实验[M]. 北京：清华大学出版社，2004.
［8］段玉生，王艳丹，荷丽静. 电工电子技术与 EDA 基础[M]. 北京：清华大学出版社，2004.
［9］阎石. 数字电子技术基础第四版[M]. 北京：高等教育出版社，1998.
［10］王宏宝. 电子测量[M]. 北京：科学出版社，2009.
［11］刘国忠. 现代电子技术及应用[M]. 北京：机械工业出版社，2010.
［12］唐文秀. 模拟电子技术基础[M]. 北京：中国电力出版社，2008.
［13］张春梅，等. 电子工艺实训教程[M]. 西安：西安交通大学出版社，2013.
［14］徐国华. 电子技能实训教程[M]. 北京：北京航空航天大学出版社，2006.
［15］吴新开，等. 电子技术实习教程[M]. 长沙：中南大学出版社，2013.
［16］王薇，等. 电子技能与工艺[M]. 北京：国防工业出版社，2009.
［17］王英. 电工电子综合性实习教程[M]. 成都：西南交通大学出版社，2008.
［18］熊幸明. 电工电子实训教程[M]. 北京：清华大学出版社，2007.
［19］陈世和. 电工电子实习教程[M]. 北京：北京航空航天大学出版社，2007.
［20］徐国华. 电子技能实训教程[M]. 北京：北京航空航天大学出版社，2006.

反侵权盗版声明